INTERNET DATA REPORT ON CHINA'S SCIENCE POPULARIZATION

中国科普互联网数据报告
2017

钟 琦 王黎明 武 丹 王艳丽◎著

科学出版社

北 京

图书在版编目（CIP）数据

中国科普互联网数据报告.2017 /钟琦等著. —北京：科学出版社，
2018.3

ISBN 978-7-03-056886-1

I.①中… II.①钟… III.①科普工作–研究报告–中国–2017

IV.①N4

中国版本图书馆CIP数据核字（2018）第048457号

责任编辑：张　莉 / 责任校对：邹慧卿
责任印制：李　彤 / 封面设计：有道文化

科学出版社 出版
北京东黄城根北街 16 号
邮政编码：100717
http://www.sciencep.com
北京虎彩文化传播有限公司 印刷
科学出版社发行　各地新华书店经销

*

2018 年 3 月第　一　版　开本：720 × 1000 1/16
2022 年 1 月第二次印刷　印张：12 1/2
字数：230 000
定价：98.00 元
（如有印装质量问题，我社负责调换）

序

2017年，大数据与人工智能的热度蔓延到了各个领域。"万物皆计算"，可以说，人的行为和社会运行都可以由数据进行统计。随着技术的进步，人类从现实世界感知收集数据的能力越来越强，数据量呈指数化增长，大量的终端、传感器、共享经济等都助推了大数据的采集。再结合人工智能，大数据采集之后的人工智能分析，为人类提供各种最优化决策。

中国科学技术协会于2014年开始对科普领域进行创新，启动了科普信息化工程。与此同时，中国科普研究所开展了互联网科普数据的采集和分析研究工作，与参加科普信息化工程建设的百度网、腾讯网和新华网合作，由中国科普研究所研究提出种子词，各互联网公司负责机器学习，产生衍生词，返回中国科普研究所进行两次清洗，再依据衍生词抓取数据，形成数据平台，中国科普研究所课题组根据数据平台数据开展分析研究并形成数据报告。经过2015年、2016年合作逐步成熟，开创了《中国网民科普需求搜索行为报告》《网络科普舆情报告》《移动互联网网民科普获取与传播行为报告》系列数据报告。随着科普信息化工程的深入开展，中国科普研究所课题组继续尝试与今日头条、清博数据等互联网公司开展数据分析研究，探索建立开放的科普数据平台，为下一步的科普信息化社会测度及未来信息社会中的科普效果评估打下数据基础。

党的十九大报告提出，"推动互联网、大数据、人工智能和实体经济深度融合"。中国科学技术协会提出了"国际 +""信息化 +"的发展战略，科普行业的未来也将结合大数据、人工智能等快速发展，数据将成为反映科普效果的客观途径。中国科普研究所课题组拟自 2017 年起每年发布我国科普互联网数据报告，从互联网数据分析反映与科普相关的方方面面，记录我国科普在互联网上的发展历程。

由于这个领域的研究仍属于开拓和不断探究的阶段，有不当之处请各位专家、读者予以批评指正。

王康友

2017 年 7 月

目 录

第　一　章

绪论：互联网＋科普——用数据展现的时代

　　中国科学技术协会实施的科普信息化工程开启了我国"互联网＋科普"的时代，该工程以增强国家科普能力为核心，充分运用信息传播技术，有效动员社会力量和资源，在品牌运营、内容生产、资源整合、网络构建、机制保障等方面进行系统性和创新性探索。2015～2017年圆满完成了三年建设工作目标，取得了一系列建设成果，初步形成"品牌引领、专业生产、社会协作、网络传播、移动应用"五位一体的科普公共服务产品供给新模式，树立了科普工作新的里程碑。

一、科普信息化工程贯彻"互联网 + 科普"理念

科普信息化工程培育科普内容精品，激发全民科普需求；充分依靠主渠道作用，提升基础资源整合质量，增强跨渠道融合能力；广泛动员知识型、技术型企业和社会机构，扶植新型科普主体，优化科普服务业态；强化互联网思维，深化新一代信息技术应用，切实提高信息化管理和服务水平。

（一）树立了"科普中国"国家科普品牌

1. 在主流互联网阵地建立科普频道或科普栏目，树立"科普中国"科学权威的国家品牌形象

通过和人民网、新华网、光明网、腾讯网等主流互联网平台合作，在这些主流互联网平台建立了 23 个科普频道或科普栏目，宣传"科普中国"品牌，推广"科普中国"内容。这些平台充分发挥自己权威、用户量大的优势，将"科普中国"品牌在用户中进行推广和渗透。

2. 推出了一批高渗透率的"科普中国"品牌产品，组织了一批较有影响力的"科普中国"品牌活动

围绕"科普中国网"和"科普中国两微一端"的建设运营，逐步拓展"科普中国 V 视快递""科普中国·科学百科""科普中国·十万个为什么"等品牌产品。截至 2017 年 8 月底，科普中国网浏览量已达到 2.4 亿人次，"两微"浏览量已达到 15.9 亿人次，"科普中国"APP 下载量已达到 1.4 亿人次；"科普中国·科学百科"组织近 2000 名知名专家编撰 8.5 万条权威科学词条，单日阅读量达到近 550 万次；"科普中国 V 视快递"覆盖全国 4 万余块电子屏。

从 2015 年起，开展年度科学传播事件、科学流言、网络科普作品及科学传播人物评选，吸引了科研机构、媒体和网民的广泛关注和参与。聘请欧阳自远、黄晓明、撒贝宁等 13 名知名社会人士作为"科普中国"形象大使，2017 年全国科普日期间，陈思思的科学传播大使卡通形象走红网络。此外，携手知名互联网企业，共同创立由"科普中国"冠名的科学传播行动计划，与腾讯公司合作开展"科普中国·腾讯慧眼行动"，与百度公司合作开展"科普中国·百度

AI 科普"计划，连续举办"典赞·科普中国"品牌活动。

3. 探索建立"科普中国"品牌管理制度，为推广品牌奠定管理基础

出台《科普中国品牌使用与维护管理办法（暂行）》，发布《科普中国视觉形象应用手册》，制定《科普中国内容数据汇聚与分享使用管理办法》，明确"科普中国"品牌产品及活动授权流程，规范"科普中国"品牌形象的制作和使用细则，推动"科普中国"数据资源的互联互通和开放分享。

（二）深化科普供给侧改革，促进科普公共服务产品优质增量

1. 引进 PPP 模式，实现用户对科普内容的全网观看

通过 PPP 模式，推动科普供给侧改革，采取内容与渠道绑定的模式，把 10 余家互联网机构吸引进科普领域，促进科普产品优质增量，实现了用户对科普内容的全网观看。

通过政府购买服务方式联合人民网、新华网、腾讯网、百度等 10 余家一流互联网机构，协同开展 20 余个子项目建设，贴合互联网视频化、移动化、社交化、游戏化的发展趋势，综合运用图文、动漫、音频、视频、游戏、虚拟现实等多种形式，不断创新科普表达和传播方式。截至 2017 年 8 月底，"科普中国"各栏目（频道）累计建设内容资源达到 13TB，科普图文超 12 万篇、科普视频（动漫）超 1 万个、科普游戏 150 余个。搭建"科普中国"融合创作平台，吸纳 100 多支科普专业创作团队，推出多部科普图文和视频作品；搭建"科普中国 V 视"内容平台，汇聚国外视频近 1 万分钟、国内高人气动漫 IP 15 个及社会视频 5979 部。

2. 贯彻内容为王理念，生成"科普中国"内容专家审核机制和热点新闻快速反应机制

依托中国科学技术协会所属全国学会，强化科普选题的科学领域专家审核机制。建成"科普中国"专家智库，吸纳 1000 余位国内外一流科学家。"科普中国·科学百科"专栏组织近 2000 名知名专家编撰科学词条，"科普中国"内容平台邀请包括近 100 名院士在内的 2000 多名专家学者拍摄视频、撰写文稿等，其中潘建伟院士关于量子卫星、屠呦呦先生关于青蒿素等精品科普作品受到业界和网民的高度赞誉。

以"新闻导入、科学解读"理念，快速响应社会需求，建立 72 小时科普

快速反应机制。提前策划和创作可预见的重大科普专题，在事件发生 30 分钟内推送至媒体头条；在自然灾害等突发事件发生 24 小时内推出图文作品，在 48～72 小时内推出视频作品。在 2016 年 6 月龙卷风突袭江苏省阜宁县事件发生 24 小时内，"科普中国"即在人民网、光明网、新浪网、网易等 19 家媒体发布专题文章，发布首周传播量高达 1062 万。近期围绕 C919 大飞机重大科技事件创作的科普作品累计传播量过亿。

（三）发动了一批社会科普力量参与科普

1."科普中国＋行业部门"合作模式初步形成

依托《全民科学素质行动计划纲要实施方案（2016—2020 年）》，会同有关部门积极推进科普信息化工作。"科普中国"与国家质量监督检验检疫总局、中国地震局等部门签署战略协议共同推进计量科普、防震减灾科普等相关工作，与农业部、国家卫生和计划生育委员会、环境保护部及相关机构协同推进科普信息化建设试点工作。

2."科普中国＋互联网机构"合作体系基本形成

充分调动社会力量参与科普信息化建设。相继与新华网签署《"科普中国研发与传播基地"共建协议》；与百度公司签订《科普信息化建设战略合作框架协议》，成立科普中国百度科学院，双方于 2017 年共同启动"科普中国·百度 AI 科普"计划；与腾讯公司签订《"互联网＋科普"战略合作框架协议》，双方于 2017 年共同启动"科普中国·腾讯慧眼行动"。

3. 融合创作初见成绩

2016 年，科普信息化工程启动了"科普中国科普重大选题融合与创作"项目，这是科普信息化建设工程子项目之一，是继 2015 年实施"移动端科普融合创作"之后再度开启科普融合创作与传播的积极探索。项目以"移动互联网＋科普"为宗旨，建立激励机制，鼓励科普融合创作团队围绕科技热点和社会焦点，采用图文、视频、H5 等多种形式，开展适合移动端传播的科普作品创作。截至 2017 年 10 月 31 日，聚集了 300 多个科普专业创作团队，创作发布了近 1000 部科普作品，扩大了"科普中国"的品牌影响力。

（四）初步建立"云、网、端"一体化传播模式

1. 建设"科普中国"云，探索"云、网、端"一体化传播模式

围绕"科普中国云"项目建设，统领"科普中国"门户网及"两微一端"运营，汇聚国内外优质科普资源，建设移动端的"科普中国"统一入口、科普员传播工具平台、科普活动推广平台和科普资讯更新平台，逐步完善从云到网、从云到端的信息推送和管理运营模式。逐渐积累内容数据、运营数据和用户数据，初步建立面向资源组织、调配和分发的后台管理系统。

2. 依托全媒体传播平台，深入互联网传播主战场

依托科普信息化工程项目平台，"科普中国"在人民网、新华网、光明网等各大主流互联网平台建设 23 个科普专题网站和频道；依托微信、微博等社交媒体平台，已拥有覆盖 29 个移动端应用的自有传播矩阵，截至 2017 年 8 月，微信平台用户数达 27 万，微博平台用户数达 164 万；依托头条创作推送平台，"科普中国"传播网络已囊括国内主要门户网站在内的近 60 家网络媒体传播渠道，并带动全国 3000 多家科普网站的有效发展；同时在爱奇艺等 8 家大型视频网站，中国教育电视台等 25 家有线电视和网络电视频道，以及地铁、广场等公共场所推送优质科普内容。

3. 凝聚基层科普服务阵地，推动信息化成果落地普惠

基层科普新阵地建设取得新进展。2017 年，中国科学技术协会启动实施"科普中国·百城千校万村行动"，依托科普中国云，实现内容精细分类，初步形成以校园、乡村、社区科普套餐、科普中国 e 站运营及"科普中国 V 视快递"为主线的分类推送模式。全国建成基于现有基础设施的科普中国 e 站 12 226 个，"科普中国 V 视快递"进入全国 20 多个省级行政区和近 250 个地方电视台专题栏目。

以"科普中国"APP 为基础阵地，搭建科普信息员注册管理、分级分类和信息分发后台，建设移动端"科普中国"社群阵地，建立常态化科普员考核和激励制度。截至 2017 年 8 月，通过"科普中国"APP 注册的科普信息员已达 3273 人。

二、科普信息化工程将向智能化发展

现代公民科学素质发展带来的个性化科普需求，以及新一代信息技术蕴含的传播和服务潜力，对新时代的科普信息化建设提出了新的期望，要求新一轮科普信息化建设思路从"以信息为中心"向"以人为中心"转变，科普信息化建设工程将进一步向智能化发展。科普信息化建设工程未来可以从"科普中国"品牌价值提升、"科普中国"精品内容铸造、"科普中国"传播渠道融合、"科普中国"智能创新应用等方面，着力改变科普信息化建设发展不平衡、不充分的状况，切实服务人民对美好生活的需求。

（一）"科普中国"品牌价值提升

以提升"科普中国"品牌的社会知晓度和品牌价值为核心，充分发挥品牌的统领作用，推动科普领域牢固树立精品意识和质量意识，从宣传推广、示范引领的角度加深社会公众对"科普中国"的品牌认知和价值认可，更加广泛汇聚各方力量共同打造"科普中国"，使"科普中国"的定位和特点更加鲜明，主要包括以下几方面。

1."科普中国"宣传推广

由专业广告公司或咨询公司策划宣传推广文案，经科普专家团队审议，明确"科普中国"的品牌调性，提升品牌形象温度，发挥"科普中国"形象大使的作用，精心制作不同风格、面向不同人群并适合不同媒体播放的宣传推广影视或文本资料，拓展各类传播力强的媒体宣传渠道，配合线下公众活动开展品牌的宣传推广。通过此项举措，增强"科普中国"品牌曝光率，提升公众知晓度，丰富"科普中国"的品牌文化内涵，使品牌特点更加鲜明、品牌价值得到彰显。

2."科普中国"示范引领

品牌知名度打造的关键在价值内涵的提升及示范活动的引领。围绕社会公众关注度高的科普主题内容，开展"科普中国"品牌下的科学家与公众、科学家与媒体之间的面对面活动。通过面对面的活动，使公众关心的焦点和疑惑得到科学权威的解答，并在互动过程中提升公众的科学理性精神。开展科学家与媒体之间的面对面活动，增强理解和互信，协力开展面向公众的不同内容梯度的科学普及和传播。在继承中进行创新，持续举办"典赞·科普中国"活动，盘点年度最具影响力的科学传播事件、人物、作品，击破"科学"流言。通过此项举措，重视和强化公众的科学理性思维和精神，提升辨识力；搭建顺畅的科学家与公众之间、科学家与媒体之间的通道，增强交流互信；支持"科普中国"授权或冠名的高层次传播活动。

（二）"科普中国"精品内容铸造

聚焦公众需求，采用新闻导入、好奇心驱使、科学解读等形式，创新科普内容表达方式，使内容的科学性、趣味性、体验性和精彩度大幅提升，铸造最权威、最具影响力的科普平台。稳步扩大数字化科普资源库容量，着力科普内容的精加工和再创作，积累适合于再创作的优质科普素材（元科普），引导建设众创、众筹、众包、众扶、分享的科普生态，创作适合于全媒体传播的科普精品。充分发挥各频道所借助平台的用户资源优势，扩大科普作品的影响力。

（三）"科普中国"传播渠道融合

"科普中国"的传播渠道兼顾自有渠道建设和社会渠道合作，充分发挥科协系统及全民科学素质行动计划纲要成员单位垂直渠道优势，组织调动社会力量参与，释放科普信息化跨界融合新动能。

1. 线上科普信息化阵地平台建设

通过打造线上科普信息化阵地，实现更有效的科普信息服务。提升"科普中国"APP和门户网站功能，打造好中国科学技术协会的自有科普渠道；建设优质科普微信公众号、科普微博的入驻平台。

2."科普中国"融合生态

加强"科普中国"头条创作与推送、科普融合创作与传播。推动中国科学技术协会及其他全民科学素质行动计划纲要成员单位已有的品牌活动深度有效地融入"科普中国"的品牌宣传及内容资源运用，尤其是全国青少年科技创新大赛、中国青少年科学总动员等社会影响力大的活动或电视节目等。与具有公信力的电子商务平台合作，探索"科普中国"权威科普内容与优质产品介绍的合理融合，如优质中国制造产品展示内容中包含通俗性的科技内容、优质农副产品展示中包含食品营养与安全的科普内容等，让权威可信的科普无处不在、无时不在，缔造"科普中国"健康发展的融合生态。

3."科普中国"落地普惠

落实乡村振兴战略，配合"科普中国·百城千校万村行动"和科技精准扶贫工作，调动省级、市级、县区级科协人员及学会工作者的积极性，推进"科普中国"优质科普内容在全国各地基层乡村、社区和学校的充分运用；通过因地制宜的传播模式，提升传播效果，扩大"科普中国"品牌在各地的影响力。鼓励基层科普信息员开展创新性科学传播方式，激发科普领域相关单位的积极性，推动面向基层开展的传统科普工作与科普信息化工作的深度结合。

（四）"科普中国"智能创新应用

现代信息技术已经步入了智能化阶段，人工智能技术逐步与日常生活中的方方面面融合，不仅给人们带来了获取科普信息的便捷，提升了科普的效率，重要的是更好地满足了人们对美好生活的需求。

1.人工智能的网络科普辟谣应用

充分发挥人工智能技术在预测谣言、发现谣言和终结谣言中的应用，使之成为信息化时代科普的得力助手，为塑造一个充满正能量的网络科普环境发挥应有的作用。人工智能技术在网络科普辟谣的应用服务中，需充分重视用户的个性化需求，体现"想之所想"的功能，给公众带来切身的智能化体验。

2.科学体验的游戏互动应用

游戏化是信息化时代科普的趋势之一。通过恰当的游戏形式，寓教于乐地传播科学知识，倡导科学方法，体现科学精神，将科学的知识内容、科学的探究过程恰到好处地融入游戏之中，借助现代信息技术，使科普的表达力更为充分；结合用户的互动体验，把科学的种子播种在人们心中。

3.利用智能技术开发科普展品或文创产品

运用当前智能语音等智能科技成果，开发系列科普展品或科普文创产品，使人们在科技场馆或日常生活中体验到智能技术的应用。借鉴教育和文化产业的经验，培育知识消费意识，探索公益事业与产业发展结合，实现可持续绿色发展。

三、用数据展现的科普时代

科普领域正面对信息社会转型的拐点，以人工智能和云计算为标志的新一代信息技术已深入经济社会的各个方面，技术和数据驱动下的知识社会正在加速成形。实施科普信息化工程后，把握人民群众的实时科普需求，预判科普需求趋势，实现科普工作的科学有效管理，精准推送科普内容，服务科学决策等都需要用数据来展现。

（一）建设科普信息化数据中心，提升科普服务水平

建设科普信息化数据中心的目的是用数据说话。科普信息化数据中心采集的数据内容包括科普运营数据、科普用户数据等，功能还包括通过数据分析实现科普工作的态势预判、实现智能化应用服务及科普信息化发展水平的监测与评估等。科普信息化数据中心的建设在完善"科普中国"服务云的功能基础上，提高资源精细管理水平，依托"科普中国云""科普中国 APP""科普中国"会员系统，增强对用户的个性化服务能力。

（二）广泛挖掘公开数据，建立科普信息化发展水平测评体系

在科普信息化工程建设的同时，中国科普研究所开展了互联网科普数据的采集和分析研究，与参加科普信息化工程建设的百度网、腾讯网和新华网合作，开展了科普数据分析和数据平台建设。由中国科普研究所研究提出种子词，各互联网公司负责机器学习，产生衍生词，返回中国科普研究所进行两次清洗，再依据衍生词抓取数据，形成数据平台，中国科普研究所课题组根据数据平台数据开展分析研究并形成数据报告。经过 2015 年、2016 年合作逐步成熟，开创了《中国网民科普需求搜索行为报告》《网络科普舆情报告》《移动互联网网民科普获取与传播行为报告》系列数据报告。

随着科普信息化工程的深入开展，公开数据应用在科普研究上是发展趋

势。中国科普研究所课题组将继续尝试与今日头条、清博数据等互联网公司开展数据分析研究，探索建立开放的科普数据平台，建立以公开数据为基础的科普信息化发展水平测评体系，为下一步的科普信息化社会测度，以及未来信息社会中的科普效果评估打下数据基础。

第二章

中国网民科普需求搜索行为报告

　　网民科普需求可视为大众科普需求在信息社会中的重要表征。科普需求数据研究主要以中国网民的搜索行为来反映其真实的科普需求。在确定主题、种子词的基础上，基于最大的中文搜索引擎百度搜索建立数据平台，进行相关数据抓取，并对数据进行深入分析，以得出相应的研究结论。

第一节 科普需求数据研究基础

一、研究内容

科普需求数据研究主要侧重于了解中国网民的科普搜索行为特征,中国网民关切的热点、焦点内容,及科学常识搜索情况,以期了解中国网民科普需求的总体状况。

中国网民科普需求搜索行为报告基于 2011 年至今的百度搜索数据,研究根据 2011 年后出现的科普热点确定 8 个科普主题,包括:健康与医疗、食品安全、航空航天、信息科技、前沿技术、气候与环境、能源利用和应急避险。参考专家意见,根据科普主题提出种子词,调取百度数据对种子词进行计算衍生,得到衍生词库,即网民搜索词词库,作为科普需求热度的计算基础,去掉与科普无关的衍生词后,对衍生词做进一步的科学取舍和归并。基于衍生词库,进行数据的统计和筛选,开发数据分析平台。截至 2016 年 12 月底,通过以上程序来定义的科普内容域包含 8 个确定的科普主题、1500 余个科普热点及2.8 万余条科普搜索条目,为网民科普需求的细分和测度建立了数据基础。

为更好地了解我国公民在科学常识方面的需求情况,2016 年,在原有科普主题的基础上增加了一个新的板块——"科学常识",根据《全民科学素质学习大纲》细分为 6 类,分别是:数学与信息、物质与能量、生命与健康、地球与环境、工程与技术、自然与地理。参考少年儿童出版社出版的《十万个为什么》(新世纪版)的《索引资料分册》,经多位学科专家审核,共整理形成 1288个科学常识种子词(见附录 1)。

二、研究方法

以网民搜索行为来反映其科普需求的方法主要基于以下思路:①定义一般性的科普内容域和细分体系,匹配特定搜索内容,形成需求宽度(Demand

Breadth，DB）的概念及测度；②以搜索特定内容的百度指数为基础，形成需求强度（Demand Strength，DS）的概念及测度；③基于科普内容域，结合需求宽度和需求强度两个指标对网民科普需求进行细分和测度。

1. 科普内容域的界定和细分

基于多项科普文本资料，同时参考了大量的网民搜索条目，通过以下步骤来界定科普内容域：①对《人民日报》的科技报道、"科学家与媒体面对面"活动资料等重要科普文本进行内容分析，从中筛选出一批科普种子词，初步形成种子词库和开放性主题框架；②将首批种子词输入百度搜索库中进行匹配，从提取出的搜索条目中二次筛选出其他的高频词（衍生种子词）；③合并首批衍生种子词，经相关领域的专家评议、归并和取舍，完善并建立科普热点库，基于科普文本和搜索条目的内容分析确立科普主题框架；④通过"主题－热点－搜索条目"的三层描述框架（表 2-1）来界定和细分科普内容域。

表 2-1　科普内容域的三层描述框架（示例）

	T. 主题	F. 热点	S. 搜索条目
科普内容域	1. 健康与医疗	维生素	B 族维生素的副作用 /……
		疫苗	SARS 疫苗 /……
		……	……
	2. 信息科技	传感器	传感器原理及应用 /……
		物联网	物联网是什么 /……
		……	……
	3. 应急避险	地震	汶川地震 /……
		火灾	发生火灾时的正确做法是什么 /……
		……	……
	4. 航空航天	宇宙	第三宇宙速度 /……
		黑洞	黑洞里面是什么 /……
		……	……
	5. 气候与环境	$PM_{2.5}$	$PM_{2.5}$ 标准值是多少 /……
		甲醛	甲醛中毒症状 /……
	6. 前沿技术	量子	量子通信 /……
		纳米	纳米复合材料 /……
		……	……
	7. 能源利用	新能源汽车	混合动力汽车的优缺点 /……
		太阳能	农村太阳能发电 /……
		……	……
	8. 食品安全	转基因	车厘子是转基因水果吗 /……
		食品添加剂	关于食品添加剂的 11 个真相 /……
		……	……

2. 网民科普需求的测度

基于搜索数据，提出需求强度和需求宽度两个指标来表征网民科普需求的结构（表 2-2）。需求强度是指一种需求的迫切程度，由特定内容的"搜索人次"（即全部 IP 累计搜索次数的总和）来表征，进一步量化为搜索数据中的"搜索指数"；需求宽度是指一种需求的细分程度，由特定内容的"搜索差异"来表征，进一步量化为搜索数据中的"搜索条目数"。

表 2-2 科普需求的测度指标

需求指标	表征	量化
需求强度	搜索人次	搜索指数
需求宽度	搜索差异	搜索条目数

（1）科普需求强度

本研究使用百度指数作为需求强度的量化依据。百度指数是以网民搜索数据为基础的测量指标，其实际含义正比于总搜索人次，可以定量地反映某个关键词的搜索趋势。为了保留科普需求的层次结构，使用专业版百度指数（以下称为科普搜索指数）来系统地表征科普内容域中的网民科普需求强度。

科普需求强度正比于科普搜索指数，科普内容域中所有条目的搜索指数包含在搜索数据中，某个热点的搜索指数等于热点所含条目的科普搜索指数之和，某个主题的搜索指数等于主题所含热点的搜索指数之和。这样就得到了科普需求强度的系统化测度。

（2）科普需求宽度

需求宽度的概念与搜索条目的数量直接相关。搜索条目是网民在搜索引擎中搜索的信息，可能是词汇、短语或话语片段，其内容反映了网民想要了解或寻求解答的问题。某个热点下的搜索条目越多，表示围绕这一热点提出的问题越多，说明相关的科普需求细分程度就越高。有基于此，海量搜索行为产生的搜索条目的数量客观上反映了科普需求的宽度。

科普热点的需求宽度由该热点所含搜索条目的数量来表征。相应地，科普主题的需求宽度由该主题下的热点平均包含的搜索条目数来表征。由于各科普主题纳入的热点数量不同，故以多个热点的平均需求宽度来测度相应主题的需求细分程度。

科普需求强度和需求宽度的量化值见表 2-3。

表 2-3　科普需求强度和需求宽度的量化值

	指标	量化值
科普热点	需求强度	所含条目的科普搜索指数之和
	需求宽度	所含搜索条目的数量
科普主题	需求强度	所含热点的科普搜索指数之和
	需求宽度	所含热点平均包含的搜索条目数

3. 群体科普需求的表征

在数据的研究上引进了新的指数计算——TGI 指数（Target Group Index），即目标群体指数，用其表征不同网民群体的科普需求。TGI 反映了某个群体相对于总体的某种倾向性，用以观察目标群体在特定领域的强势或弱势。TGI 定义为：

TGI = 100 ×（目标群体中某项特征所占比例 / 总体中该特征所占比例）

在科普需求分析中，TGI 意为排除了群体规模效应的需求强度，即"某群体的个体平均需求强度"，从而能更准确地刻画群体内个体的平均活跃度及群体间的需求差异。例如，19 岁以下青少年对"抑郁症"的需求 TGI：

$TGI_{<19, 抑郁症} = 100 ×（DS_{<19, 抑郁症} / 19 岁以下网民数）/（DS_{总体, 抑郁症} / 总体网民数）$

对于更一般的情况，目标群体的个体平均需求强度可用 TGI 表达为：

TGI = 100 ×（目标群体的需求占比 / 目标群体的人数占比）

三、种子词、衍生词增量及术语释义

1. 种子词与衍生词增量

2016 年在前一年数据的基础上，根据科普热点稳定增加种子词量，第一季度增加了 17 个种子词和 1 个事件；第二季度增加了 27 个种子词；第三季度增加了 12 个种子词；第四季度增加了 8 个种子词。相应衍生词经过两次清洗固定下来。截至 2016 年年底共形成 1122 个种子词，第一至第四季度的衍生词增量见表 2-4。

表 2-4　2016 年季度种子词、衍生词数据汇总表

时 间	种子词量 / 个	一次清洗后的衍生词量 / 个	二次清洗后的衍生词量 / 个
2015 年第四季度	1 058	37 084	24 836
2016 年第一季度	1 075	49 169	27 599
2016 年第二季度	1 102	50 084	28 195
2016 年第三季度	1 114	57 497	33 224
2016 年第四季度	1 122	62 088	36 184

2. 术语释义

搜索指数：以百度网页搜索次数为基础，科学分析并计算关键词搜索频次的加权和，反映特定内容在百度上被搜索的热度。

用户占比：表示搜索某类信息的人群在性别、年龄、地区等不同维度的分布情况。

BDI：（地区科普主题搜索人数 / 全国科普主题搜索人数）÷（地区搜索人数 / 全国搜索人数）

CDI：（地区科普搜索人数 / 全国科普搜索人数）÷（地区搜索人数 / 全国搜索人数）

TGI 指数：在总体中，目标群体相对于其他子群体在某项特征上的显示度。TGI 指数大于 100，表示有此特征。TGI 指数越大，特征越明显。

第二节　中国网民科普需求搜索行为季度报告

2016 年《中国网民科普需求搜索行为报告》的季度报告主要由两部分内容构成，第一部分为中国网民科普需求搜索行为基本特征分析，包括总体搜索状况、搜索主题、人群特征、地域等；第二部分为中国网民科普需求关切热点、焦点内容分析，包括热词、事件等。从第三季度开始增加了"科学常识"板块，变为三部分内容。

一、2016 年第一季度中国网民科普需求搜索行为报告

（一）2016 年第一季度中国网民科普搜索指数呈现稳定增长趋势

2016 年第一季度中国网民科普搜索指数较 2015 年同期增长 79.52%，环比增长 0.36%。各月的日均科普搜索指数显示：1 月和 3 月的日均科普搜索指数相近，而 2 月的日均科普搜索指数与 1 月和 3 月相比略有下降，原因是 2 月恰逢中国传统节日春节休假高峰。这反映出中国网民科普搜索指数受节日因素的影响呈现降低的趋势，春节过后 3 月的日均科普搜索指数较 2 月增长 15.29%（图 2-1）。

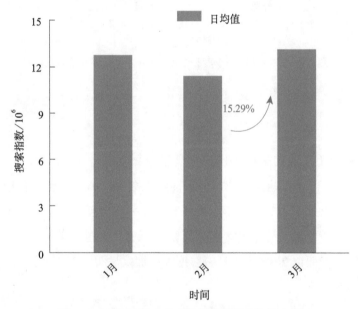

图 2-1　2016 年第一季度日均科普搜索指数变化

（二）2016 年第一季度中国网民科普搜索进一步向移动端偏移

与 2015 年第四季度相比，移动端科普搜索指数的增长速度（1.44%）高于整体科普搜索指数的增长速度（0.36%），PC 端增长速度下降 1.93%，中国网民科普搜索进一步向移动端偏移（图 2-2）。

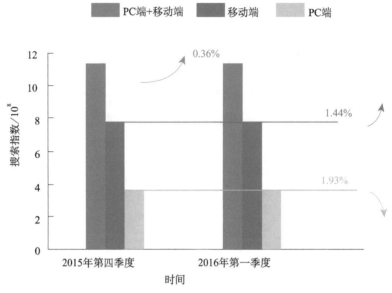

图 2-2 2015 年第四季度和 2016 年第一季度科普搜索指数

（三）科普搜索人数占比高于全国平均水平的是北京市、上海市和浙江省

BDI 和 CDI 反映的是中国网民科普需求的状况，通过 BDI 和 CDI 计算，在 PC 端的 8 个科普主题搜索中，科普搜索人数占比高于全国科普搜索人数占比平均水平的是北京市、上海市和浙江省，在一定程度上说明这三个地区的网民科普需求比较旺盛。北京地区对"气候与环境"主题的搜索明显高于对其他主题的搜索。下面以 2016 年 3 月份数据为例加以说明（图 2-3）。

（四）科普搜索人数占比低于全国科普搜索人数占比平均水平的是安徽省、广西壮族自治区、贵州省等 8 个省（自治区）

通过 BDI 和 CDI 计算，在 PC 端的 8 个科普主题搜索中，科普搜索人数占比低于全国科普搜索人数占比平均水平的是安徽省、广西壮族自治区、贵州省、湖南省、河南省、吉林省、黑龙江省和新疆维吾尔自治区，在一定程度上说明这几个地区的网民通过 PC 端搜索引擎进行科普搜索的比例比较低。下面从 8 个地区中选取了 3 个地区的数据加以说明（图 2-4）。

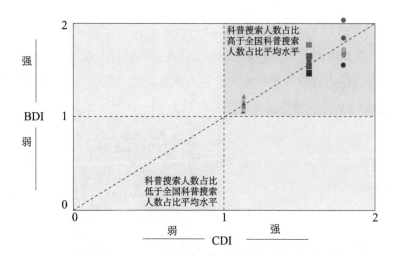

图 2-3 2016 年 3 月北京市、上海市和浙江省 8 个主题 PC 端用户地域沙盘

注：圆形表示北京市，正方形表示上海市，三角形表示浙江省

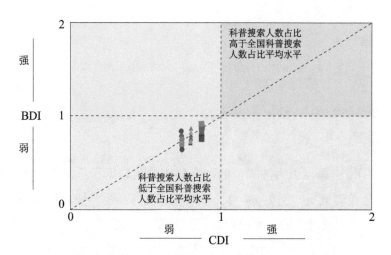

图 2-4 2016 年 3 月河南省、安徽省和黑龙江省 8 个主题 PC 端用户地域沙盘

注：圆形表示河南省，正方形表示安徽省，三角形表示黑龙江省

（五）科学家首次直接探测到引力波引发了中国网民对航空航天相关话题的搜索高峰

美国当地时间 2016 年 2 月 11 日上午 10 点 30 分（北京时间 2 月 11 日 23 点 30 分），美国国家科学基金会（NSF）宣布：人类首次直接探测到了引力波。引力波的发现是物理学界里程碑式的重大成果，这一事件引发了中国网民的关注，在 2 月 12 日达到搜索高峰，搜索指数为 145.55 万（图 2-5）。

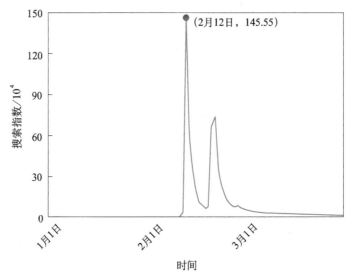

图 2-5　2016 年第一季度引力波相关科普搜索指数变化趋势

（六）"引力波"和"人类首探引力波"成为引力波相关搜索中的主要关键词

2016 年第一季度引力波相关的内容科普搜索数据显示：中国网民搜索引力波的主要关键词是"引力波"及"人类首探引力波"，搜索指数均在 100 万以上；关于引力波搜索的主要内容是"引力波是什么"和"引力波有什么用"，搜索指数均在 20 万以上。除此之外，"本土引力波天琴计划"和"引力波视频"等也是中国网民关注的引力波热点（图 2-6）。

"引力波视频"这个关键词的科普搜索指数在 2 月 21 日达到搜索高峰，搜索指数为 2245（图 2-7）。

图 2-6　2016 年第一季度中国网民关于引力波相关的科普内容搜索

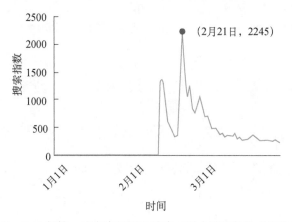

图 2-7　2016 年第一季度中国网民搜索"引力波视频"的变化趋势

（七）人机大战引发中国网民的关注

2016 年 3 月 9～15 日，由谷歌公司研制的人工智能系统"阿尔法狗"（AlphaGo）围棋挑战世界围棋冠军李世石，这次围棋人机大战的最终结果是"阿尔法狗"围棋以 4∶1 战胜李世石。3 月 9～16 日，中国网民对人机大战相关搜索的科普搜索指数均在 10 万以上，且在 3 月 10 日达到搜索高峰，搜索指数为 240.05 万。同时，人工智能相关的搜索也在 3 月 10 日达到搜索高峰，搜索指数为 3.61 万（图 2-8）。

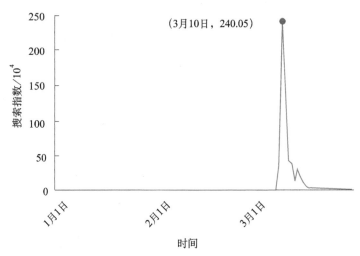

图 2-8　2016 年第一季度人机大战相关科普搜索指数变化趋势

二、2016 年第二季度中国网民科普需求搜索行为报告

（一）2016 年第二季度中国网民总体科普搜索趋势略有下降

2016 年第二季度中国网民科普搜索指数是 10.92 亿，总体科普搜索趋势出现近两年来首次下降，同比增长 15.31%，环比下降 3.36%（图 2-9）。

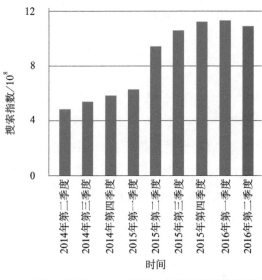

图 2-9　2014 年第二季度～2016 年第二季度科普搜索指数变化趋势

（二）2016 年第二季度 PC 端科普搜索指数增长 2.52%

2016 年第二季度 PC 端科普搜索指数是 3.66 亿，与第一季度相比增长了 2.52%；第二季度移动端科普搜索指数是 7.26 亿，与第一季度相比下降了 6.08%（图 2-10）。

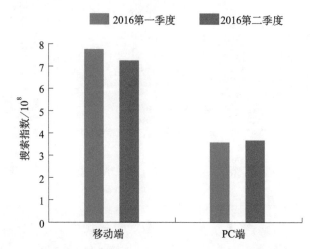

图 2-10　2016 年第一季度、第二季度中国网民科普搜索终端情况

（三）2016 上半年与 2015 年同期相比，信息科技、航空航天和前沿技术主题搜索排名上升

2016 上半年与 2015 上半年科普主题排名数据显示：健康与医疗、气候与环境和食品安全主题搜索排名保持不变，仍是第一位、第五位和第八位，信息科技、航空航天和前沿技术主题搜索排名由 2015 年上半年的第三位、第四位和第七位上升为 2016 年上半年的第二位、第三位和第六位，而应急避险和能源利用主题搜索排名由 2015 年上半年的第二位、第六位下降为 2016 年上半年的第四位、第七位（图 2-11）。

（四）吉林省在信息科技、气候与环境、航空航天、能源利用和食品安全 5 个主题的科普搜索人数占比均为全国最低

通过 BDI 和 CDI 计算，在 PC 端的搜索中，吉林省除了健康与医疗主题的科普搜索人数占比较高外，在信息科技、气候与环境、航空航天、能源利用和

食品安全 5 个主题中科普搜索人数占比均最低，前沿技术和应急避险主题也在各省份中排名靠后（图 2-12）。这在一定程度上说明吉林省网民利用 PC 端搜索引擎进行科普主题搜索较少。

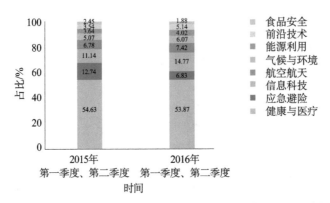

图 2-11　2015 年第一季度、第二季度和 2016 年第一季度、第二季度科普主题搜索占比

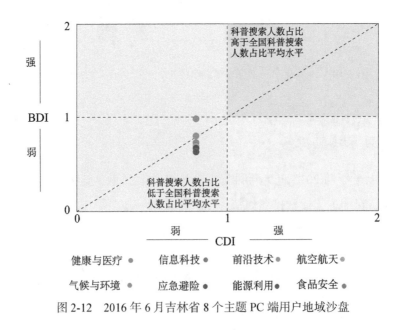

图 2-12　2016 年 6 月吉林省 8 个主题 PC 端用户地域沙盘

（五）长征七号运载火箭发射成功受到中国网民的高度关注

2016 年 6 月 25 日，我国全新研制的长征七号运载火箭在海南文昌卫星发射中心发射升空，中国网民对这一事件的科普搜索在 6 月 25 日达到了高峰，

航空航天科普主题的搜索高峰值也出现在当天。长征七号运载火箭发射成功这一事件在 6 月 25 日当天的搜索指数（248.83 万），占航空航天科普主题总搜索指数（333.72 万）的 74.56%（图 2-13）。

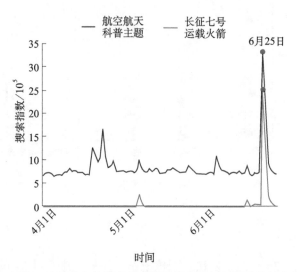

图 2-13　2016 年第二季度航空航天科普主题和长征七号相关科普搜索指数变化趋势

中国网民搜索的科普内容主要是"长征七号即将首飞""长征七号发射成功""火箭发射视频""火箭发射直播""海南文昌卫星发射基地""卫星发射基地有几个"等。

（六）江苏省遭遇龙卷风袭击事件的搜索占中国网民搜索龙卷风内容的 96.28%

2016 年 6 月 23 日，江苏省盐城市遭遇龙卷风袭击，引发了重大灾害，此事件引起了中国网民的关注。2016 年第二季度中国网民搜索龙卷风科普内容的数据显示，与江苏省盐城市遭遇龙卷风袭击这一事件相关的占到 96.28%，其他的是佛山龙卷风、吉林龙卷风等。

与此事件相关的龙卷风科普搜索指数在 6 月 24 日达到搜索高峰，为 96.25 万，且 6 月 23 ～ 27 日科普搜索指数在 10 万以上。这一事件地域搜索的数据显示，江苏省龙卷风相关科普搜索占全国龙卷风相关科普搜索的 20.98%，排名第一，其次是广东省（9.93%）和浙江省（6.76%）（图 2-14）。

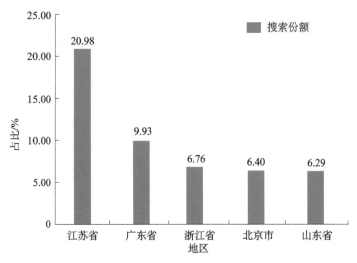

图 2-14　2016 年第二季度江苏省盐城市遭遇龙卷风袭击事件的搜索占比

（七）切尔诺贝利核事故 30 周年仍是中国网民关注的话题之一

2016 年 4 月 26 日是切尔诺贝利核电站发生核灾难 30 周年的日子，中国网民搜索此事件的高峰出现在当天，搜索指数为 16.44 万，本季度与其相关的科普搜索指数是 53.50 万（图 2-15）。中国网民搜索的科普内容主要是"切尔诺贝利""切尔诺贝利核爆炸图片"。

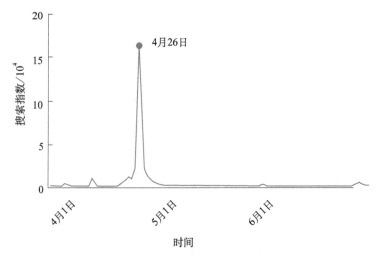

图 2-15　2016 年第二季度切尔诺贝利核事故相关科普搜索指数变化趋势

（八）"魏则西事件"引发中国网民对滑膜肉瘤的热搜

"魏则西事件"受到中国网民的广泛关注，2016年第二季度数据显示，相关的科普搜索指数在5月2日达到高峰，为45.54万，且5月1～4日科普搜索指数均在10万以上。

中国网民针对这一事件的科普搜索主要集中在滑膜肉瘤这一疾病上，如"滑膜肉瘤是癌症吗""滑膜肉瘤能活多久""滑膜肉瘤的症状""软组织肉瘤"等。另一科普搜索的热点是细胞免疫治疗技术，如"细胞免疫治疗""生物免疫疗法""肿瘤生物治疗""什么是生物免疫疗法"等（图2-16）。

图2-16　中国网民对滑膜肉瘤的科普搜索关键词

三、2016年第三季度中国网民科普需求搜索行为报告

（一）2016年第三季度中国网民科普搜索指数以移动端增长为主

2016年第三季度中国网民科普搜索指数为11.17亿，同比增长5.58%，环比增长2.29%。其中，移动端的科普搜索指数为7.64亿，占比为68.40%，比

第二季度增长 5.23%；PC 端的科普搜索指数为 3.53 亿，占比为 31.60%，比第二季度下降 3.55%（图 2-17）。

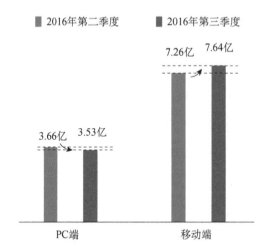

图 2-17　2016 年第二季度、第三季度中国网民 PC 端和移动端科普搜索指数

（二）在 8 个主题中，"应急避险"主题的搜索份额环比增长 3.47%

2016 年第三季度数据显示：在 8 个主题中，"应急避险"主题排名由上季度的第四位上升为本季度的第三位，搜索份额增长 3.47 个百分点，其他主题的搜索份额均减少或不变（图 2-18）。

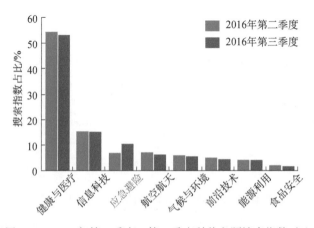

图 2-18　2016 年第二季度、第三季度科普主题搜索指数对比

（三）相较于其他年龄段，30～39岁网民的科普搜索意愿最高

针对167个[1]科普热点的TGI数据显示：在各年龄段中，30～39岁网民的科普搜索意愿最高；40～49岁网民的科普搜索意愿较高；20～29岁网民的科普搜索意愿接近平均；50岁以上网民的科普搜索意愿偏低；19岁以下网民的科普搜索意愿最低，对各科普热点的关注程度普遍低于其他年龄段（图2-19）。

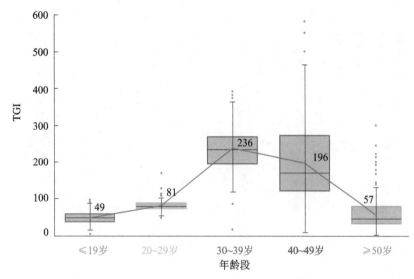

图 2-19　2016年第三季度各年龄段人群的科普搜索意愿

按TGI排序并挑选出各年龄段人群搜索意愿最高的20个热点。对于所有列出的热点，30～39岁年龄段人群的搜索意愿均高于19岁以下及20～29岁年龄段人群。19岁以下人群最偏爱的热点包括粒子、细胞、行星、太空、强迫症、抑郁症等（图2-20），20～29岁人群最偏爱的热点包括卫星、高温、流感、数据库、高温、3G等（图2-21），30～39岁人群最偏爱的热点包括唐氏筛查、天然气、白血病、甲醛、尿毒症等（图2-22）。

---

① 筛选原则：以搜索量大小排序，前167个热点的累积搜索量达到全部热点搜索量的80%。

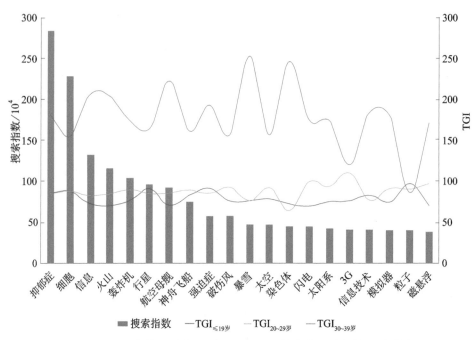

图 2-20　2016 年第三季度 19 岁及以下网民搜索意愿最高的 20 个热点

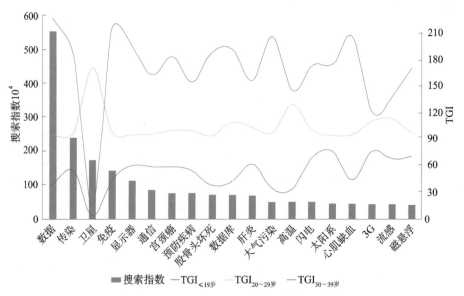

图 2-21　2016 年第三季度 20 ～ 29 岁网民搜索意愿最高的 20 个热点

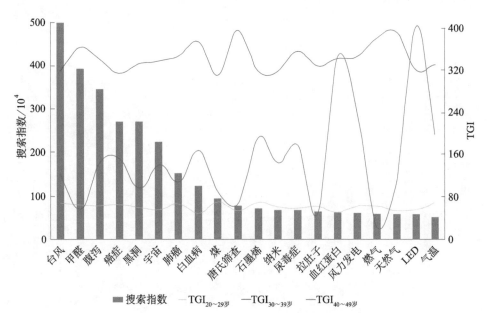

图 2-22 2016 年第三季度 30 ～ 39 岁网民搜索意愿最高的 20 个热点

（四）科普热点搜索存在性别差异，女性群体更关注生理健康，男性群体更关注科技新知，女性的搜索特征更为明显

性别组别的 TGI 指数显示，女性群体的科普搜索意愿比男性群体更高。相对于男性，女性群体对乳腺癌（病）、宫颈癌、安全知识、养生、感冒、抑郁症等生理和健康问题特别关注（图 2-23）。男性群体的科普搜索兴趣集中于技术、能源和环境领域，对互联网、3D 打印、环保、水处理、食品安全、传感器等话题尤为关注（图 2-24）。

（五）PC 端搜索偏重于科技、安全和环境热点，移动端搜索偏重于医疗和健康热点

尽管移动端人群数量庞大，总体搜索指数更高，但终端组的 TGI 指数显示 PC 端的搜索意愿更为强烈、关注点更为广泛。PC 端偏重于新型科技和环境领域，对互联网、3D 打印、传感器、食品安全、水处理等话题尤为关注（图 2-25）。移动端科普搜索更关注医疗与健康领域，特别是唐氏筛查、伤口、宫颈癌、淋巴癌、胚胎等热点话题（图 2-26）。

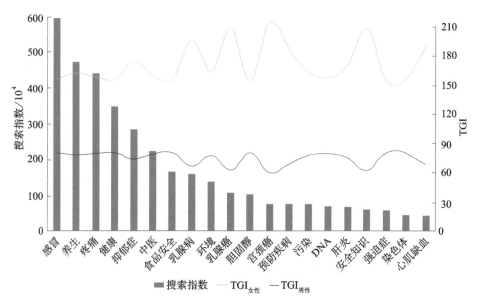

图 2-23　2016 年第三季度女性网民搜索意愿最强的 20 个热点

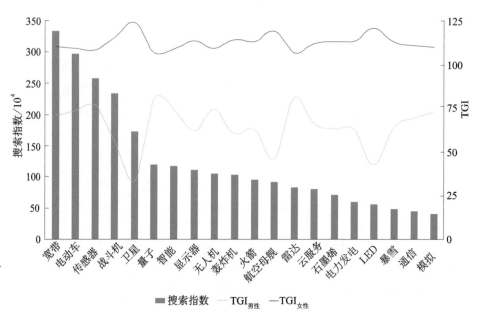

图 2-24　2016 年第三季度男性网民搜索意愿最强的 20 个热点

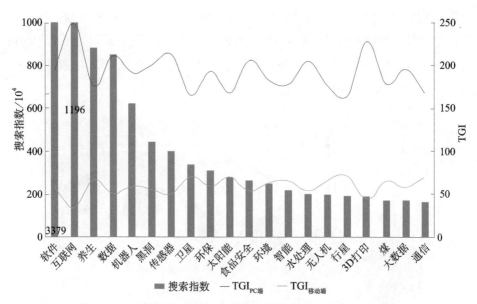

图 2-25 2016 年第三季度 PC 端网民搜索意愿最强的 20 个热点

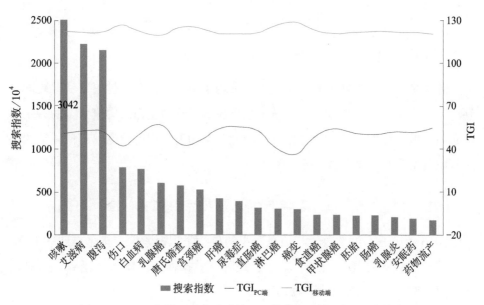

图 2-26 2016 年第三季度移动端网民搜索意愿最强的 20 个热点

（六）中国网民最关注生命与健康类的科学常识

中国网民科学常识主题搜索数据显示："生命与健康"在 6 类科学常识中的搜索份额为 65.50%，排名第一；"地球与环境"的搜索份额为 18.91%，排名第二；"物质与能量"的搜索份额为 6.50%，排名第三；"工程与技术"的搜索份额为 5.04%，排名第四；"数学与信息"的搜索份额为 3.03%，排名第五；"自然与地理"的搜索份额为 1.02%，排名第六（图 2-27）。

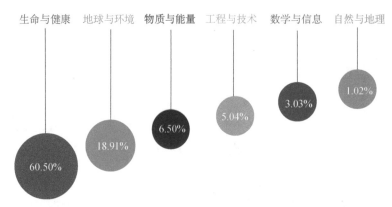

图 2-27　2016 年第三季度科学常识主题搜索份额占比

（七）因城市发展程度不同，"生命与健康"和"地球与环境"两类科学常识搜索情况存在明显城级差异

总体来看，各级城市的科学常识搜索均集中于"生命与健康"和"地球与环境"两类，占比均超过 80%。城市级别越低，对"生命与健康"类的关注程度越高；城市级别越高，对"地球与环境"类的关注程度越高；其他 4 类的科学常识搜索没有明显城级差异（图 2-28）。

（八）"大数据"在"数学与信息"热点中排名首位

2016 年第三季度"数学与信息"类的科学常识搜索中，排名靠前的 10 个搜索热点是：大数据、曲线、算法、矩阵、数据库、三角形、函数、勾股定理、圆周率和黄金分割（图 2-29）。

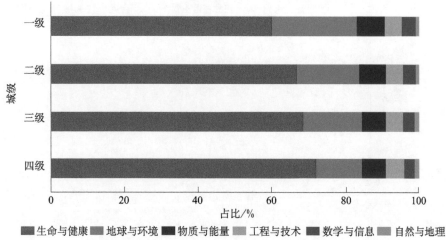

图 2-28　2016 年第三季度科学常识搜索城级分布

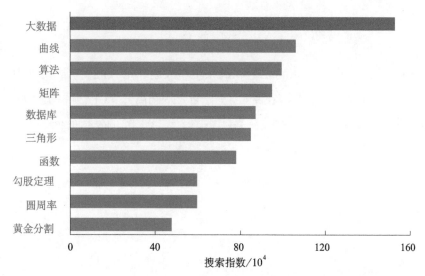

图 2-29　2016 年第三季度科学常识"数学与信息"热词搜索 TOP10

（九）"尼伯特""妮妲"等台风引发中国网民的大量关注

第三季度是高温、暴雨、台风等气候灾害高发季节，其中"尼伯特""妮妲""鲇鱼""莫兰蒂"等台风引发大量关注，造成"应急避险"主题搜索量激增，与当季科普搜索整体走势呈现明显相关性（图 2-30）。

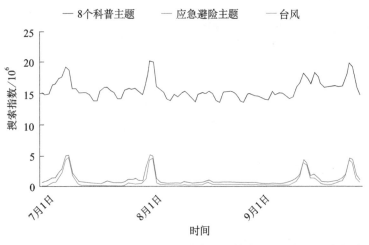

图 2-30　2016 年第三季度中国网民搜索 8 个科普主题、应急避险主题
和台风相关的科普搜索指数

（十）天宫二号发射引发网民集体关注

2016 年 9 月 15 日，天宫二号在酒泉卫星发射中心发射升空。相关搜索指数从 9 月 14 日起快速上升，在 9 月 15 日当天达到高峰 78.17 万，至 9 月 19 日开始回落（图 2-31）。网民的关注兴趣集中于天宫二号的发射时间、直播视频等入口信息。

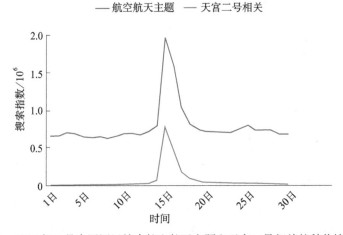

图 2-31　2016 年 9 月中国网民搜索航空航天主题和天宫二号相关的科普搜索指数

（十一）PC 端网民对全国科普日的关注高于移动端

2016 年第三周全国科普日期间，PC 端网民对全国科普日活动的关注度高于移动端。相关搜索指数从 9 月 16 日起快速增加，至 9 月 23 日开始回落。搜索指数高峰出现在 9 月 18 ～ 19 日两天。9 月 16 ～ 23 日，"全国科普日"的累计总搜索指数为 9838，其中 PC 端的累计总搜索指数为 6636，移动端的累计总搜索指数为 3202（图 2-32）。

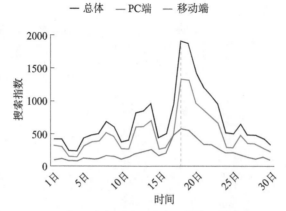

图 2-32　2016 年 9 月中国网民对全国科普日搜索的变化趋势

四、2016 年第四季度中国网民科普需求搜索行为报告

（一）2016 年第四季度中国网民科普搜索指数同比环比双增长

2016 年第四季度中国网民科普搜索指数为 15.60 亿，同比增长 38.54%，环比增长 39.66%。其中，移动端的科普搜索指数为 11.07 亿，占比为 70.96%；PC 端的科普搜索指数为 4.53 亿，占比为 29.04%（图 2-33）。

（二）与第三季度相比，气候与环境主题搜索排名上升

第四季度 8 个科普主题排名数据显示：健康与医疗、信息科技、航空航天、前沿技术、能源利用和食品安全主题搜索排名保持不变；气候与环境主题搜索排名由第三季度的排名第五位上升为第三位，而应急避险主题搜索排名由第三季度的排名第三位下降为第五位（图 2-34）。

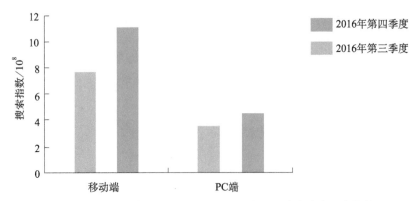

图 2-33　2016 年第四季度中国网民 PC 端和移动端科普搜索指数

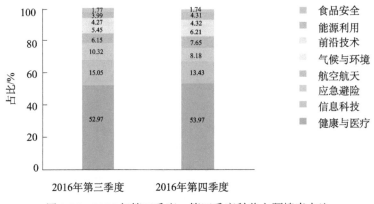

图 2-34　2016 年第三季度、第四季度科普主题搜索占比

（三）中国网民科学常识搜索指数环比增长 20.03%

第四季度中国网民科学常识搜索指数是 3.45 亿，环比增长 20.03%。终端数据显示：移动端搜索占比（73.68%）是 PC 端搜索占比（26.32%）的 2.80 倍（图 2-35）。

（四）数学与信息类科学常识主题环比增长最快

第四季度中国网民科学常识主题环比增长排名依次是数学与信息、自然与地理、物质与能量、生命与健康、工程与技术和地球与环境（图 2-36）。

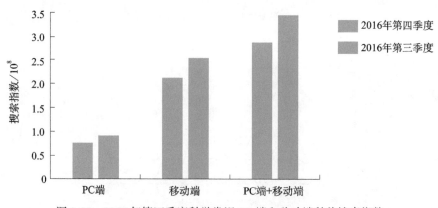

图 2-35　2016 年第四季度科学常识 PC 端和移动端科普搜索指数

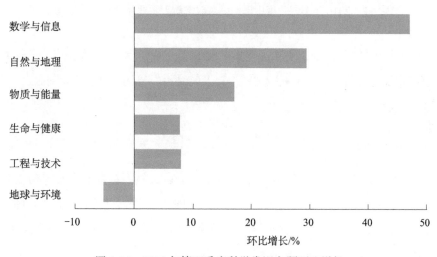

图 2-36　2016 年第四季度科学常识主题环比增长

（五）神舟十一号飞船在酒泉卫星发射中心成功发射受到网民大量关注

2016 年 10 月 17 日 7 时 30 分在酒泉卫星发射中心成功发射神舟十一号载人飞船，10 月 19 日凌晨，神舟十一号飞船与天宫二号自动交会对接成功，相关的搜索指数在 10 月 17 日达到搜索高峰，为 254.14 万，占当天航空航天主题搜索的 60.08%，且 10 月 17 ～ 19 日搜索指数均在 100 万以上（图 2-37）。

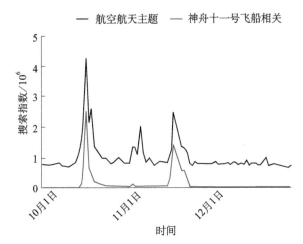

图 2-37　2016 年第四季度中国网民对航空航天主题和神舟十一号飞船
相关搜索的变化趋势

神舟十一号相关的内容科普搜索关键词是"神舟十一号发射""神舟十一号发射成功""神舟十一号太空养蚕""航天员是谁""发射时间""发射视频""天宫二号神舟十一号对接"。

（六）长征五号成功发射升空成为网民关注的热点

2016 年 11 月 3 日，长征五号系列运载火箭在文昌卫星发射中心成功发射升空，成为中国运载能力最大的火箭，相关的搜索指数高峰出现在 11 月 4 日，为 35.81 万。11 月 3～7 日，长征五号相关的搜索指数均在 10 万以上（图 2-38）。

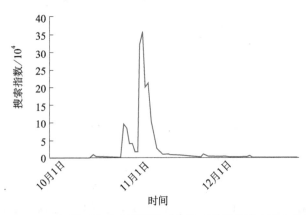

图 2-38　2016 年第四季度中国网民对长征五号相关搜索的变化趋势

（七）世界机器人大会成功举办引起网民的高度关注

2016 年 10 月 21 ～ 25 日世界机器人大会在北京举行，在此期间相关的搜索指数为 3.89 万，搜索指数高峰出现在 10 月 22 日，为 1.18 万。

2016 年第四季度中国网民对世界机器人大会相关的搜索指数为 12.26 万，其中 PC 端搜索指数是 8.18 万，移动端搜索指数是 4.08 万，网民对这一热点事件的搜索以 PC 端为主（图 2-39）。

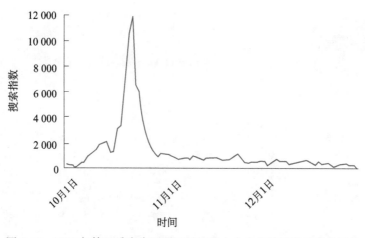

图 2-39　2016 年第四季度中国网民对机器人大会相关搜索的变化趋势

第三节　中国网民科普需求搜索行为年度报告

2016 年《中国网民科普需求搜索行为报告》的年度报告由四部分内容构成，第一部分为中国网民科普需求搜索行为特征，包括总体搜索状况、搜索主题、人群特征、地域等；第二部分为中国网民科普需求目标群体特征；第三部分为中国网民科学常识搜索行为特征；第四部分为中国网民科普需求搜索热点事件年度盘点。

一、中国网民科普需求搜索行为特征

（一）2016 年中国网民科普搜索指数继续保持增长态势

2016 年中国网民科普搜索指数达到 48.99 亿，较 2015 年增长 16.46%，继续保持增长态势。从搜索终端来看，移动端科普搜索指数占比（68.79%）较 2015 年增加了 1.63 个百分点（图 2-40）。

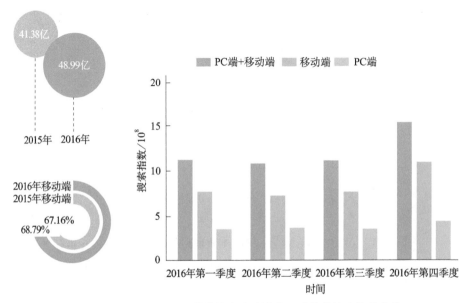

图 2-40　2016 年中国网民科普搜索移动端占比及科普搜索指数变化

（二）2016 年中国网民关注的科普主题排名前三位为：健康与医疗、信息科技、应急避险

从 2016 年中国网民科普搜索的主题数据分析中得出：健康与医疗在 8 个主题的搜索中占比为 53.78%，位居第一；信息科技相关的搜索占比为 14.53%，与 2015 年相比，超越应急避险位居第二；应急避险相关的搜索占比为 7.54%，位居第三（图 2-41）。

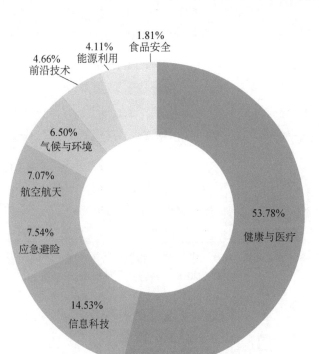

图 2-41　2016 年科普主题搜索占比

（三）2016 年信息科技主题搜索指数增长最快，应急避险和食品安全主题搜索指数呈现负增长

2016 年科普主题搜索指数增长排名依次是信息科技、能源利用、气候与环境、前沿技术、健康与医疗、航空航天、应急避险和食品安全。与 2015 年数据对比得出：信息科技主题搜索指数增长排名从第八位上升至第一位；应急避险、食品安全主题搜索指数增长由正增长（分别为 90.76%、47.70%）转为负增长（分别为 -14.79%、-25.21%）（图 2-42）。

（四）中国网民科普搜索排名前三的省份依次是广东省、江苏省、四川省，其中四川省的搜索指数增长强劲，首次跻身三甲

2016 年科普搜索排名前十的省（市）依次是：广东省、江苏省、四川省、山东省、浙江省、北京市、河南省、河北省、上海市、福建省（图 2-43）。

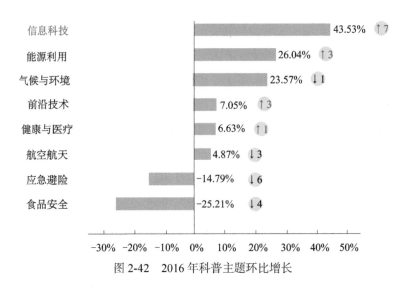

图 2-42　2016 年科普主题环比增长

图 2-43　2016 年中国网民科普需求搜索 TOP10 省（市）

　　与 2015 年数据对比得出：四川省排名上升了三位，北京市排名上升了一位；广东省、江苏省、河北省和上海市排名均保持不变；山东省和浙江省排名下降了一位，河南省排名下降了两位；福建省取代湖北省位居第十。

　　（五）2016 年 20 ～ 29 岁网民依然占据最大搜索份额，30 ～ 39 岁网民搜索份额增幅最大

　　对 2016 年中国网民科普搜索的年龄数据分析得出：20 ～ 29 岁网民依然占据了最大搜索份额，为 43.82%；30 ～ 39 岁网民占比为 34.46%；19 岁及以

下网民占比为 13.37%；40 ～ 49 岁网民占比为 7.21%；50 岁及以上网民占比为 1.13%。与 2015 年数据对比得出：19 岁及以下、30 ～ 39 岁和 40 ～ 49 岁的网民占比均有所增加，且 30 ～ 39 岁网民搜索份额增幅最大（图 2-44）。

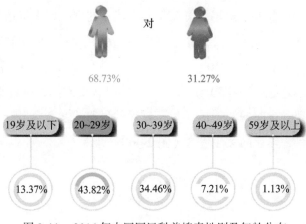

图 2-44 2016 年中国网民科普搜索性别及年龄分布

（六）"软件"和"台风"进入热词搜索 TOP10

在 2016 年中国网民科普搜索热词中，"咳嗽""感冒""软件""Wi-Fi""地震""维生素""台风""艾滋病""疼痛""糖尿病"名列前十位。其中，健康与医疗主题词语占六成，且与咳嗽相关的科普搜索位于第一位，指数高达 1.68 亿；与 2015 年中国网民科普搜索热词排名对比来看，"软件"和"台风"进入科普搜索热词 TOP10（图 2-45）。

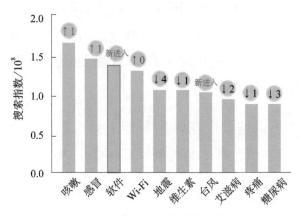

图 2-45 2016 年中国网民科普搜索热词 TOP10

二、中国网民科普需求目标群体特征

（一）相较于其他年龄段，30～39岁网民科普搜索意愿最高

由于以搜索指数大小排序，前228个[①]热点的累积搜索量达到全部热点搜索量的80%，所以在此就前228个热点进行分析。针对228个科普热点的TGI数据显示：在各年龄段中，30～39岁网民的科普搜索意愿最高；40～49岁网民的科普搜索意愿较高；20～29岁网民的科普搜索意愿接近平均；50岁以上网民的科普搜索意愿偏低；19岁以下网民的科普搜索意愿最低，普遍低于其他年龄段对各科普热点的关注程度（图2-46）。

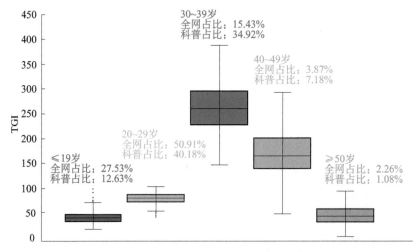

图 2-46　2016 年各年龄段人群的科普搜索意愿

19岁以下、20～29岁和50岁以上网民的科普搜索意愿相近，相差很小；而40～49岁和30～39岁网民的科普搜索意愿相差较大，显示出群体特征更为明显（图2-47）。

（二）科普热点搜索存在性别差异，女性群体更关注生理健康，男性群体更关注科技新知，女性的搜索特征更为明显

性别组别的TGI指数显示，女性群体的科普搜索意愿比男性群体更高。相

---

① 筛选原则：以搜索量大小排序，前228个热点的累积搜索量达到全部热点搜索量的80%。

对于男性，女性群体对健康、养生、乳腺癌（病）、宫颈癌、甲状腺癌、老年痴呆、安全知识、抑郁症等生理和健康问题表现出特别关注（图 2-48）。男性群体的科普搜索兴趣集中于技术、能源和环境领域，对飞行器、碳纤维、混合动力、模拟器等话题尤为关注（图 2-49）。

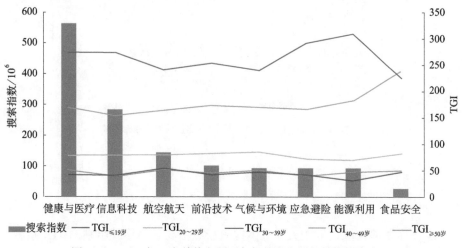

图 2-47　2016 年 8 个科普主题下各年龄段人群的科普搜索意愿

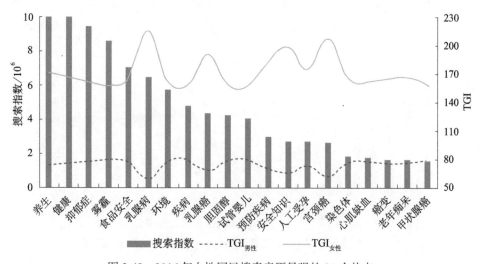

图 2-48　2016 年女性网民搜索意愿最强的 20 个热点

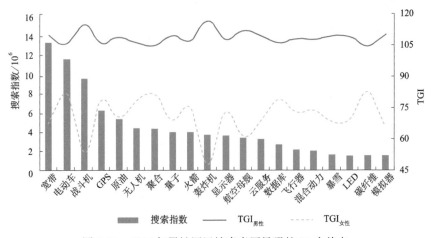

图 2-49　2016 年男性网民搜索意愿最强的 20 个热点

（三）PC 端搜索偏重于科技、安全和环境等热点，移动端搜索偏重于医疗和健康等热点

尽管移动端人群数量庞大、总体搜索指数更高，但终端组别的 TGI 指数显示，PC 端的搜索意愿更为强烈、关注点更为广泛。PC 端搜索偏重于新型科技、能源和环境领域，对互联网、3D 打印、传感器、原油、水处理等话题尤为关注。移动端搜索更关注医疗与健康领域，特别是咳嗽、腹泻、癌症和白血病等热点话题（图 2-51）。

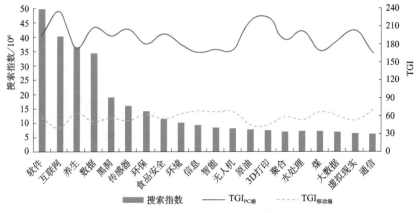

图 2-50　2016 年 PC 端网民搜索意愿最强的 20 个热点

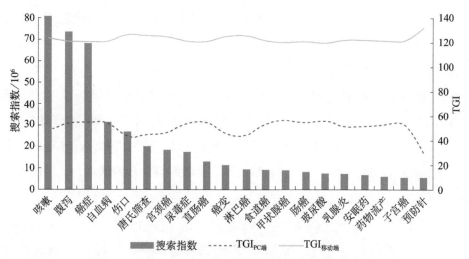

图 2-51 2016 年移动端网民搜索意愿最强的 20 个热点

（四）北京市、上海市和浙江省的网民科普搜索意愿最高

2016 年中国网民科普搜索省（自治区、直辖市）TGI 数据显示：北京市、上海市和浙江省的网民科普搜索意愿最高；海南省、山东省、湖北省、吉林省、河北省、山西省、重庆市、黑龙江省、辽宁省、内蒙古自治区、湖南省、安徽省、甘肃省、云南省、江西省、宁夏回族自治区、广西壮族自治区、贵州省、青海省、新疆维吾尔自治区和西藏自治区共 21 个地区的科普搜索低于 TGI 平均值（100）（图 2-52）。

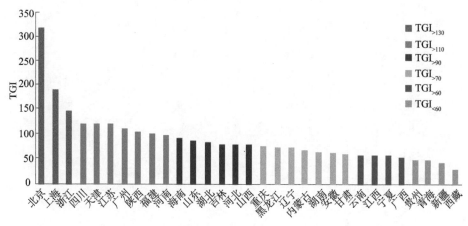

图 2-52 2016 年中国网民科普搜索 TGI 省（自治区、直辖市）排名

台风是福建省、广东省、海南省、浙江省最为关注的热点；雾霾（空气质量、PM$_{2.5}$）是北京市、上海市、天津市、河北省、陕西省最为关注的热点；3D是甘肃省、贵州省、江西省、辽宁省、内蒙古自治区、青海省、山西省、陕西省、西藏自治区、云南省最为关注的热点；地震是甘肃省、宁夏回族自治区、青海省、山西省、四川省、西藏自治区、新疆维吾尔自治区、云南省最为关注的热点；心肌缺血是河南省、黑龙江省、吉林省、辽宁省、内蒙古自治区、天津市、西藏自治区、新疆维吾尔自治区最为关注的热点（表2-5）。

表2-5　各地区最关注的热点 TOP3

地区	热点1	热点2	热点3
安徽省	禽流感	洪水	流感
北京市	空气质量	PM$_{2.5}$	雾霾
福建省	台风	安全知识	火山
甘肃省	地震	3D	食品安全
广东省	台风	鼻咽癌	尿酸
广西壮族自治区	鼻咽癌	水处理	卫星
贵州省	大数据	GPS	3D
海南省	台风	运载火箭	灭火器
河北省	雾霾	太阳能发电	药物流产
河南省	原油	心肌缺血	药物流产
黑龙江省	心肌缺血	甲状腺癌	免疫
湖北省	洪水	天然气	预防针
湖南省	唐氏筛查	破伤风	禽流感
吉林省	心肌缺血	甲状腺癌	股骨头坏死
江苏省	龙卷风	禽流感	食道癌
江西省	预防针	奶粉事件	安全知识
辽宁省	心肌缺血	3D	股骨头坏死
内蒙古自治区	3D	心肌缺血	环境

续表

地区	热点1	热点2	热点3
宁夏回族自治区	火灾	安全知识	地震
青海省	地震	3D	肝硬化
山东省	药物流产	股骨头坏死	胚胎
山西省	煤	地震	3D
陕西省	3D	天然气	雾霾
上海市	空气质量	$PM_{2.5}$	中性粒细胞
四川省	地震	血小板	艾滋病
天津市	混合动力	心肌缺血	雾霾
西藏自治区	地震	3D	心肌缺血
新疆维吾尔自治区	地震	心肌缺血	脂肪肝
云南省	3D	地震	防火
浙江省	台风	禽流感	雷达
重庆市	哮喘	温度	显示器

三、中国网民科学常识搜索行为特征

（一）中国网民关注的科学常识排名前三为：生命与健康、地球与环境、物质与能量

中国网民科学常识搜索指数为14.50亿[①]；生命与健康在6个科学常识主题的搜索中占比为65.62%，位居第一；地球与环境相关的搜索占比为17.79%，位居第二；物质与能量相关的搜索占比为6.79%，位居第三；工程与技术相关的搜索占比为5.06%，位居第四；数学与信息相关的搜索占比为3.61%，位居第五；自然与地理相关的搜索占比为1.12%，位居第六（图2-53）。

---

① 中国网民科学常识搜索数据指2016年第三季度和第四季度的数据。

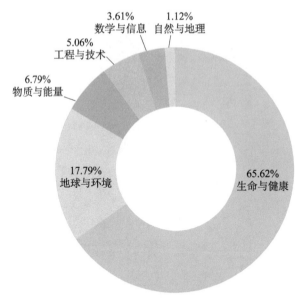

图 2-53　科学常识搜索主题占比

（二）在中国网民科学常识搜索热词 TOP10 中，生命与健康主题词语占九成

在中国网民科学常识热词搜索中，名列前十的依次是血压、发烧、荨麻疹、甲状腺、结石、淋巴结、梅毒、金星、心脏和静脉曲张。其中，生命与健康主题词语占九成（图 2-54）。

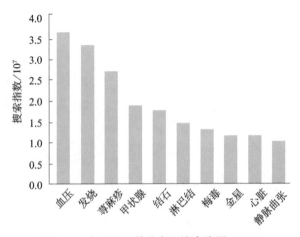

图 2-54　中国网民科学常识搜索热词 TOP10

注：搜索指数量级以千万计

（三）科学常识分级城市搜索情况存在明显差异

总体来看，各级城市的科学常识搜索均集中于生命与健康和地球与环境两类，占比均超过 80%。二级和四级城市对生命与健康类的关注程度高于一级和三级城市；而一级和三级城市对地球与环境类的关注程度高于二级和四级城市；城市级别越低，对物质与能量、工程与技术和数学与信息类的关注度越低（图 2-55）。

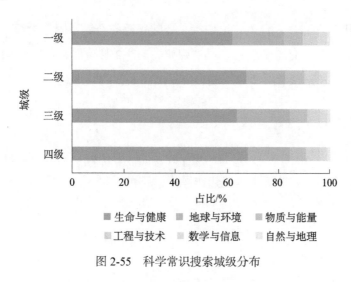

图 2-55　科学常识搜索城级分布

四、中国网民科普搜索热点事件年度盘点

（一）神舟十一号飞船在酒泉卫星发射中心成功发射，并与天宫二号对接成功

2016 年 10 月 17 日，神舟十一号飞船在酒泉卫星发射中心成功发射。两天后，神舟十一号飞船与天宫二号实现对接。神舟十一号飞船发射是中国载人航天工程"三步走"中从第二步到第三步的一个过渡，为中国建造载人空间站做准备，这一事件成为中国网民讨论的热点话题。

（二）中国新一代运载火箭长征七号首飞成功

2016 年 6 月 25 日，中国全新研制的长征七号运载火箭，在新建的海南文昌卫星发射中心发射升空，成功将载荷送入预定轨道。长征七号运载火箭的首飞成功，标志着我国新一代运载火箭研制取得重大突破，将大幅提升我国进入空间的能力，因此引起中国网民的广泛关注。

（三）2016 年第 1 号台风"尼伯特"登陆福建省、第 4 号台风"妮妲"登陆广东省沿海

2016 年 7 月 9 日，台风"尼伯特"登陆福建省石狮市附近沿海，导致农田受淹、房屋倒塌、交通受阻；台风"妮妲"8 月 2 日凌晨在广东省深圳市大鹏半岛登陆，带来狂风暴雨。台风成为中国网民关注的热点之一。

（四）天宫二号成功发射升空

2016 年 9 月 15 日，天宫二号在酒泉卫星发射中心发射升空。此次发射成功，标志着我国载人航天工程又迈出承上启下的关键一步，吸引了中国网民的目光。

（五）魏则西事件

2016 年 5 月 1 日，一篇微信文章刷爆朋友圈，文中称，大学生魏则西在两年前体检时查出滑膜肉瘤晚期，通过百度搜索找到武警北京总队第二医院，花费将近 20 万元医药费后，仍不治身亡，引发了中国网民对此事件搜索指数的急剧飙升。

（六）韩春雨基因编辑新技术 NgAgo 争议

2016 年 5 月 2 日，河北科技大学韩春雨课题组在《自然·生物技术》上发表 NgAgo 技术的论文。从 7 月起，关于 NgAgo 实验无法重复的质疑声渐起，并随着前后发表在《蛋白质与细胞》《自然·生物技术》上的质疑性评论文章而达到高潮，因此受到中国网民的较大关注。

（七）长征五号系列运载火箭成功发射

2016 年 11 月 3 日，长征五号系列运载火箭在海南文昌卫星发射中心成功发射升空，成为中国运载能力最大的火箭，标志着中国火箭研制水平提升了一大步，并大大推动了航天产品数字化的进程，也成为中国网民关注的热点事件。

（八）人类两次探测到引力波

引力波是爱因斯坦广义相对论所预言的一种以光速传播的时空波动。美国当地时间 2016 年 2 月 11 日上午 10 点 30 分（北京时间 2 月 11 日 23 点 30 分），美国国家科学基金会（NSF）宣布：人类首次直接探测到了引力波。北京时间 6 月 16 日凌晨，激光干涉引力波天文台（LIGO）在美国天文学会正式宣布再次探测到引力波。探测到引力波对于现代天文学具有重要意义，一方面验证了爱因斯坦的广义相对论，另一方面也开启了人类认识宇宙的一个新窗口。

（九）我国成功发射世界首颗量子科学实验卫星墨子号

2016 年 8 月 16 日，我国在酒泉卫星发射中心用长征二号丁运载火箭成功将世界首颗量子科学实验卫星墨子号发射升空，标志着我国空间科学研究又迈出重要一步，这将使我国在世界上首次实现卫星和地面之间的量子通信，构建天地一体化的量子保密通信与科学实验体系，因此成为中国网民搜索的焦点。

（十）"阿尔法狗"横扫李世石

2016 年 3 月 9 ～ 15 日，由谷歌公司研制的人工智能系统"阿尔法狗"围棋挑战世界围棋冠军李世石，这次围棋人机大战的最终结果是"阿尔法狗"围棋以 4:1 战胜李世石。人机大战掀起了中国网民对人工智能的关注热潮。

第四节 中国网民科普需求搜索行为相关分析

在前述季度和年度《中国网民科普需求搜索行为报告》相关数据分析的基

础上，本节又根据搜索数据补充了关于发展趋势、主题、热词等方面的一些特征分析。

一、科普搜索进一步向移动端倾斜

与 2015 年相比，2016 年移动端的科普需求搜索增长速度更快，搜索趋势进一步向移动端倾斜。这与网络自身迅速发展有着密切的关系。根据中国互联网络信息中心（CNNIC）发布的第 39 次《中国互联网络发展状况统计报告》，截至 2016 年 12 月，我国手机网民规模达 6.95 亿，较 2015 年年底增加 7550 万人。网民中使用手机上网人群的占比由 2015 年的 90.1% 提升至 95.1%，提升 5 个百分点，网民手机上网比例在高基数基础上进一步攀升（图 2-56）。

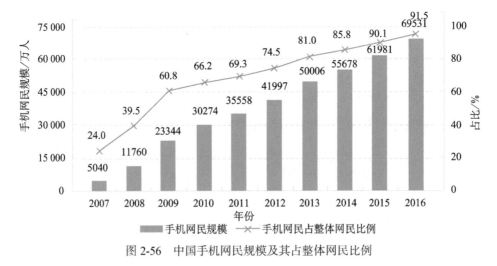

图 2-56　中国手机网民规模及其占整体网民比例

2016 年移动端科普搜索指数从第一季度开始即超过 7 亿，第四季度更高达 11.07 亿，使用移动端上网进行科普搜索的趋势愈发明显（图 2-57）。

二、各年龄段搜索意愿分析

在各年龄段中，科普搜索意愿有着一定的差异。30 ~ 39 岁网民的科普搜索意愿最高；40 ~ 49 岁网民的科普搜索意愿较高；20 ~ 29 岁网民的科普搜索意愿接近平均；50岁以上网民的科普搜索意愿偏低；19岁以下网民的科普搜索意愿最低，对各科普热点的关注程度普遍低于其他年龄段（图2-58～图2-62）。

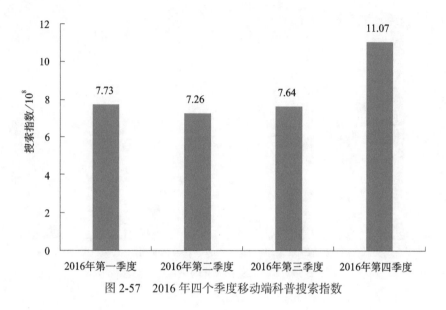

图 2-57 2016 年四个季度移动端科普搜索指数

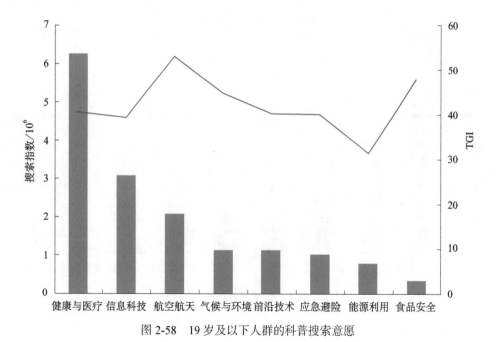

图 2-58 19 岁及以下人群的科普搜索意愿

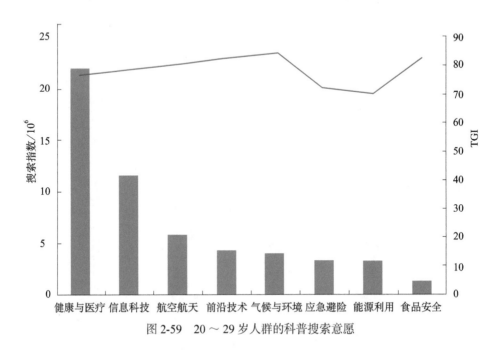

图 2-59　20 ～ 29 岁人群的科普搜索意愿

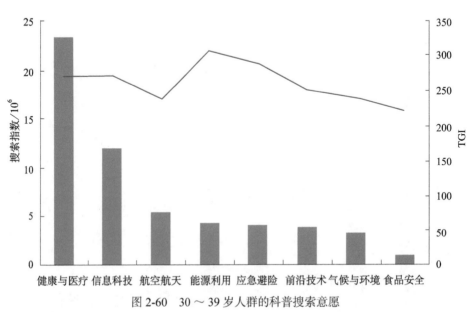

图 2-60　30 ～ 39 岁人群的科普搜索意愿

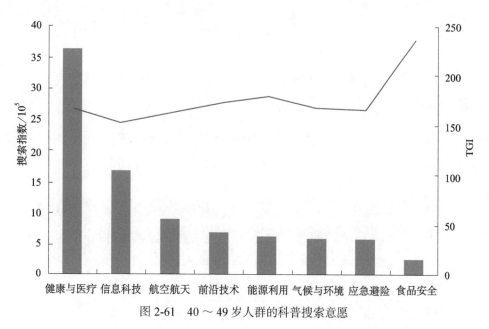

图 2-61 40 ~ 49 岁人群的科普搜索意愿

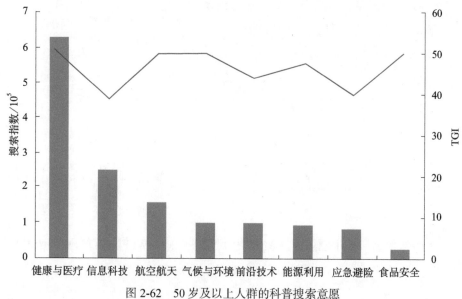

图 2-62 50 岁及以上人群的科普搜索意愿

尽管我国青少年科普工作有很好的社会基础，但是数据表明，青少年的科普搜索意愿整体上低于其他年龄段，科普获取行为并不活跃。主要原因有两点。一是科普内容不能准确把握青少年的兴趣点；二是传播方式还需要多样、生动，如可以通过短视频、直播、广播和弹幕方式激发青少年的科学兴趣和关注。

三、2016 年度八大主题热词搜索 TOP 10

（一）健康与医疗主题热词搜索排名前三位的是"咳嗽""感冒""维生素"

2016 年健康与医疗主题热词搜索 TOP10 是："咳嗽""感冒""维生素""艾滋病""疼痛""糖尿病""腹泻""癌症""感染""乙肝"（图 2-63）。

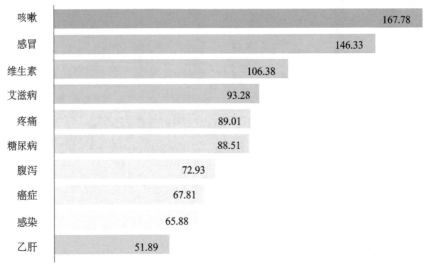

图 2-63　2016 年健康与医疗主题热词搜索 TOP10（搜索指数 /10^6）

（二）信息科技主题热词搜索排名前三位的是"软件""Wi-Fi""互联网"

2016 年信息科技主题热词搜索 TOP10 是："软件""Wi-Fi""互联网""APP""数据""宽带""传感器""4G""3G""O2O"（图 2-64）。

（三）应急避险主题热词搜索排名前三位的是"地震""台风""火灾"

2016 年应急避险主题热词搜索 TOP10 是："地震""台风""火灾""火山""灭火器""洪水""安全知识""防火""海啸""沉船"（图 2-65）。

图 2-64 2016 年信息科技主题搜索热词 TOP10（搜索指数 /10^6）

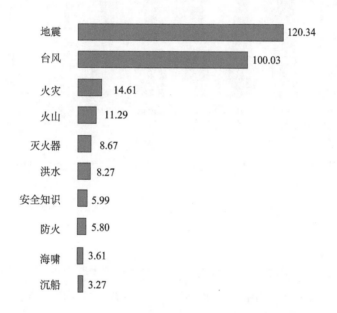

图 2-65 2016 年应急避险主题热词搜索 TOP10（搜索指数 /10^6）

（四）航空航天主题热词搜索排名前三位的是"宇宙""战斗机""黑洞"

2016 年航空航天主题热词搜索 TOP10 是："宇宙""战斗机""黑洞""月球""GPS""神舟飞船""火箭""运载火箭""行星""太空"（图 2-66）。

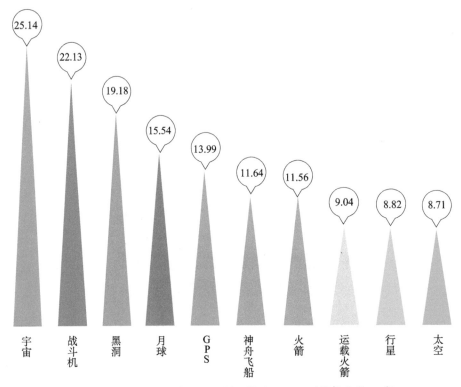

图 2-66　2016 年航空航天主题热词搜索 TOP10（搜索指数 /10^6）

（五）气候与环境主题热词搜索排名前三位的是"$PM_{2.5}$""甲醛""空气质量"

2016 年气候与环境主题热词搜索 TOP10 是："$PM_{2.5}$""甲醛""空气质量""暴雨""环境""水处理""污染""寒潮""大气污染""闪电"（图 2-67）。

（六）前沿技术主题热词搜索排名前三位的是"机器人""3D""VR"

2016 年前沿技术主题热词搜索 TOP10 是："机器人""3D""VR""3D 打印""聚合""物联网""纳米""石墨烯""磁悬浮""LED"（图 2-68）。

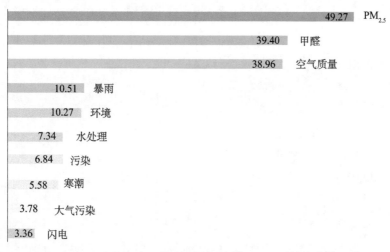

图 2-67 2016 年气候与环境主题热词搜索 TOP10（搜索指数 /10^6）

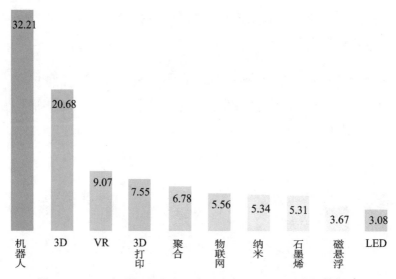

图 2-68 2016 年前沿技术主题热词搜索 TOP10（搜索指数 /10^6）

（七）能源利用主题热词搜索排名前三位的是"电池""电动车""新能源汽车"

2016 年能源利用主题热词搜索 TOP10 是："电池""电动车""新能源汽车""原油""煤""燃气""天然气""太阳能发电""混合动力""光伏发电"（图 2-69）。

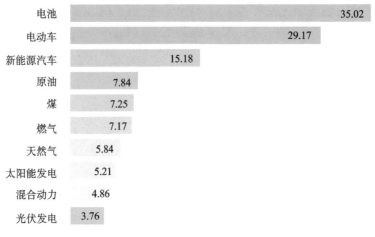

图 2-69 　2016 年能源利用主题热词搜索 TOP10（搜索指数 $/10^6$）

（八）食品安全主题热词搜索排名前三位的是"食品安全""食物中毒""假鸡蛋"

2016 年食品安全主题热词搜索 TOP10 是："食品安全""食物中毒""假鸡蛋""垃圾食品""苯甲酸""食品安全小报""食品添加剂""地沟油""亚硝酸盐""丙烯酰胺"（图 2-70）。

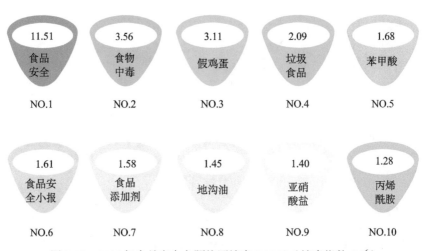

图 2-70 　2016 年食品安全主题热词搜索 TOP10（搜索指数 $/10^6$）

四、2016 年度全国各省 TGI 热词 TOP10

表 2-6　2016 年全国各省 TGI 热词 TOP10

地区	热点 1	热点 2	热点 3	热点 4	热点 5	热点 6	热点 7	热点 8	热点 9	热点 10
安徽省	禽流感	洪水	流感	奶粉事件	高温	预防针	食道癌	股骨头坏死	燃气	寒潮
北京市	空气质量	PM$_{2.5}$	雾霾	大数据	互联网	新能源汽车	污染	雷达	虚拟现实	暴雨
福建省	台风	安全知识	火山	预防针	地震	智能	显示器	通信	地球	鼻咽癌
甘肃省	地震	3D	食品安全	安全知识	地震	药物流产	谷维素	肝硬化	椎间盘突出	太阳能
广东省	台风	鼻咽癌	尿酸	无人机	芯片	流感	全息投影	4G	肾结石	尿毒症
广西壮族自治区	鼻咽癌	水处理	卫星	人工受孕	电动车	安全知识	胚胎	显示器	Wi-Fi	GPS
贵州省	大数据	GPS	3D	防火	安全知识	食品安全	卫星	B超	水处理	Wi-Fi
海南省	台风	运载火箭	灭火器	3G	火山	鼻咽癌	空难	电动车	通信	感染
河北省	雾霾	太阳能发电	药物流产	心肌缺血	股骨头坏死	婴儿发育	太阳能	恐龙	空气质量	洪水
河南省	原油	心肌缺血	药物流产	股骨头坏死	预防针	聚合	伤口	电动车	婴儿发育	奶粉事件
黑龙江省	心肌缺血	甲状腺癌	免疫	3D	股骨头坏死	极光	心脏	谷维素	动脉	甲状腺
湖北省	洪水	天然气	预防针	原油	暴雨	破伤风	支气管炎	肾结石	药物	试管婴儿
湖南省	唐氏筛查	破伤风	禽流感	预防针	尿毒症	鼻咽癌	奶粉事件	子宫癌	支气管炎	冠心病
吉林省	心肌缺血	甲状腺癌	股骨头坏死	免疫	3D	甲醛	动脉	心脏	谷维素	转基因
江苏省	龙卷风	禽流感	食道癌	神舟飞船	转氨酶	传感器	高温	肠癌	燃气	核磁共振

续表

地区	热点 1	热点 2	热点 3	热点 4	热点 5	热点 6	热点 7	热点 8	热点 9	热点 10
江西省	预防针	奶粉事件	安全知识	肝炎	唐氏筛查	破伤风	水处理	高温	肠癌	肝癌
辽宁省	心肌缺血	3D	股骨头坏死	转基因	免疫	动脉	谷维素	聚合	心脏	血清
内蒙古自治区	3D	心肌缺血	环境	哮喘	煤	谷维素	药物流产	甲状腺癌	食品安全	心脏
宁夏回族自治区	火灾	安全知识	地震	3D	防火	灭火器	药物流产	煤	哮喘	环保
青海省	地震	3D	肝硬化	防火	血清	关节炎	梅毒	神经衰弱	嫦娥计划	心脏病
山东省	药物流产	股骨头坏死	胚胎	水处理	太阳能	婴儿发育	B超	寒潮	预防疾病	谷维素
山西省	煤	地震	3D	太阳能	安全知识	谷维素	神舟飞船	保健	环境	腰肌劳损
陕西省	3D	天然气	雾霾	安全知识	B超	谷维素	空气质量	药物流产	冠心病	中性粒细胞
上海市	空气质量	PM$_{2.5}$	中性粒细胞	混合动力	核磁共振	暴雨	淋巴细胞	空难	量子	白蛋白
四川省	地震	血小板	艾滋病	空气质量	雾霾	核磁共振	梅毒	结石	支气管炎	宽带
天津市	混合动力	心肌缺血	雾霾	空气质量	PM$_{2.5}$	新能源汽车	空难	胆固醇	燃气	甲状腺癌
西藏自治区	地震	3D	心肌缺血	梅毒	卫星	艾滋病	肝硬化	环境	APP	神经衰弱
新疆维吾尔自治区	地震	心肌缺血	脂肪肝	防火	环境	天然气	灭火器	Wi-Fi	3D	GPS
云南省	3D	地震	防火	艾滋病	B超	梅毒	支气管炎	感染	GPS	卫星
浙江省	台风	禽流感	雷达	行星	安全知识	食品安全	密度	卫星	寒潮	虚拟现实
重庆市	哮喘	温度	显示器	直肠癌	冠心病	地震	结石	DNA	天然气	防火

第 三 章

网络科普舆情报告

网络科普舆情是指借助互联网,通过连接到网络里的各种设备获取到的受众对科普类信息的态度和观点。新媒体时代,网络科普舆情不仅可以快速产生,而且会快速发酵,进而对科普领域主管部门的工作产生影响。

本章内容以中国科学技术协会、中国科普研究所与新华网合作建设的科普舆情数据平台为数据来源,以2016年全年数据报告为研究基础进行综合分析阐述。通过该平台,可以了解受众关注、阅览的科普信息及其相关评论的数据。

第一节 网络科普舆情数据平台建设

为了获取数据，科普舆情数据平台经过多次对监测范围的调整之后，根据科普关键词进行全网监测，包括近 2 万家新闻网站、近 1000 家纸媒、70 个主流新闻 APP、十大主流博客、3 万多个论坛、100 万个微博账号、近 10 万个微信公众账号、25 家国内主流视频网站、十大主流问答平台。通过抓取、筛选和分析这些平台内容的数据，可以了解受众所关注的科普信息重点、热点，及受众对这些科普信息的态度和观点。在对网络抓取数据进行分类的基础上，监测系统按照不同的区块功能对平台进行了相应区分。

一、数据平台功能模块区分

根据网络科普舆情关注重点及科普舆情特点，在实际运行过程中，科普舆情数据平台（科普中国实时探针）的板块设计进行了逐步调整和完善。目前共分为 8 个板块，分别是：舆情总览、分析、科普热点、科普关键词、微博监测、负面预警、搜索和报告。

"舆情总览"板块包括科普热度走势图、载体分布图和科普舆情地域分布等内容；在"分析"板块中，可以通过选择日期看到当时（日、周、月）的舆情曲线图，也可以看到媒体趋势图和科普专题分布等内容，由此可以看到媒体平台信息量分布及热点科普专题等情况；在"科普热点"板块中，可以按照平台类型及日期查看阅读量大的热门科普新闻；在"科普关键词"板块中，可以通过选择不同关键词看到该类型专题的发文数；在"微博监测"板块中，可以看到微博账号发文总数排行榜及博主发博排行榜；"负面预警"板块中则有一些需要预警的负面信息；在"搜索"板块中，可以通过日期、标题、作者等信息搜索站内或全网信息；在"报告"板块中，可以生成日报或简报。

　　目前，数据平台主要涵盖了九类媒介平台，分别是论坛、博客、新闻、微博、纸媒、微信、APP 新闻、问答、视频，基本涵盖了数据可以搜索获取的主要媒介样态。监测系统对监测内容进行不同科普主题的划分，为每个主题有针对性地设置科普领域监测关键词，并及时进行研判更新。后台通过这些监测关键词，可以在各大监测平台实时获取数据，并进行数据存储与分析，后期可以采用人工参与的方式对系统获取到的数据进行深度解读。例如，根据阅读量与回复量等内容统计出重点及热点科普信息，对网友评论和媒体态度进行提炼概括，思考科普启示等（图 3-1）。

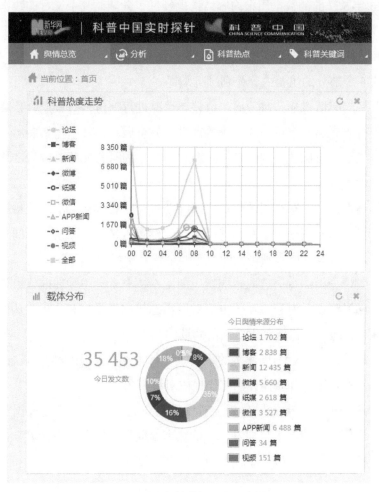

图 3-1　科普舆情数据平台网页截图

二、数据报告结构

网络科普舆情数据报告在数据平台上，通过数据自动获取＋人工阅览分析的方式形成。2016 年调整了数据报告形式，以 5 月为分界线，5 月之前的数据报告分为周报告、月报告及热点话题专报告；5 月之后的数据报告只有周报一种形式。

（一）2016 年 5 月前的数据报告

1. 周报

2016 年 5 月前的数据周报内容结构也经过了微调。其中 1 月的数据周报主要包括 "一周舆情概述" "热点排行" "舆情分析" "科普启示" 4 个部分，2 月、3 月和 4 月的数据周报增加了 "科普中国传播效果分析" 项，变成了 5 个部分，以下对这 5 个部分的主要内容分别进行阐述。

（1）一周舆情概述。对一周舆情整体情况进行评价，对重点科普舆情新闻或事件进行概要提及。对一周舆情数据进行分析展示，其中包括展示不同媒介载体科普文章量对比的热度分布柱状图和表现一周科普文章总数量变化曲线的舆情热度走势图。

（2）热点排行。对每周的热点科普文章进行综合排名，形成 "科普热点排行榜" 表格。从该表中可以看到热点文章的标题、站点、阅读量、回复量等数据，还可以根据关键词看到该新闻属于哪个科普领域。

（3）舆情分析。每周选取本周发生的 1 ～ 2 个重点舆情新闻或事件，从媒体观点、网民观点、专家观点等方面对舆情态势进行提炼和分析，从而对该舆情新闻或事件进行更深入和更全面的解读。

（4）科普启示。就本周发生的重点舆情新闻或事件提出科普方法改进措施及建议，为科普工作和媒体传播工作提供对策视角。

（5）科普中国传播效果分析。对中国科学技术协会 "科普中国" 品牌下的网站、微信、微博等平台原发文章的热点新闻传播情况进行排名，同时对论坛、博客转载 "科普中国" 品牌下的文章进行提取。

2. 月报

月报在周报的基础上撰写，主要包括以下几个部分。

（1）舆情概况。主要概括舆情传播的平台分布及舆情走势，并用柱状图和饼状图的形式来呈现。

（2）热点排行。按照本月度 4 期周报的统计数据，通过阅读量、回复量等指标挑选出 20 条左右的科普舆情文章，并形成热点新闻排行榜。

（3）舆情特点简析。从热点排行中的新闻中挑选出几条进行重点分析，主要对媒体传播情况及网友观点态度进行概括总结。

3. 专报

专报以引起社会重大反响的科普内容为主题，如 2016 年 2 月以引力波的发现为主题，从传播分析、十大热词、十大报道媒体、热点文章排行、国内热点、外媒观点、网友关注、专家观点、"科普中国"报道分析、总结 10 个方面对该科普主题的相关内容进行了详细分析阐述。

（二）2016 年 5 月后的数据报告

2016 年 5 月，对数据报告内容进行了调整，从同年 6 月开始，数据报告只保留了周报的形式，报告中的内容重点调整到"科普中国"工作的框架中来。数据周报以 8 月 18 日为界，前后的内容板块略有微调。8 月 18 日前的数据周报内容的第三个板块是"科普传播榜"，其中包括"科普中国传播榜""科普微信传播榜""科普微博传播榜"；8 月 18 日之后的数据周报内容的第三个板块调整为"科普微信账号传播榜"。

1. 科普热点

分为舆情概述、科普类别排行和热点事件排行。主要对一周舆情趋势用图表进行展示；对应急避险、航空航天等分属八大主题及伪科学共 9 个类别的科普文章进行发文数统计；对一周以来的科普热点事件进行排行。

2. 网民视角

挑选一周以来的重大或热点科普事件，提取网民观点进行分析，并用柱状图的形式展现。

3. 科普传播榜

初期分为"科普微信排行榜""科普微博排行榜""科普中国传播榜"，其中，"科普中国传播榜"主要对"科普中国"品牌框架下不同平台、栏目的发文数和阅读数情况进行统计。后来经过调整后，这部分仅保留了微信排行榜，并调整名称为"科普微信账号传播榜"，主要对"科普中国""果壳网""知识分子"等科普微信账号的文章数、阅读数和点赞数等数据进行抓取展示。

三、数据分析方法

2016 年共有 38 期周报、1 期月报，因无法从 1 期月报的数据中得出规律性认识，故科普舆情数据报告主要围绕数据周报来进行。首先将 2016 年全年共 38 期数据周报进行随机抽样，然后对抽取出来的样本进行分析，最后得出数据规律及相关结论。

第二节　网络科普舆情周报

周报作为舆情数据平台的定期重要成果之一，每一板块都有不同的目标，通过分析具有连贯性的周报，可以得出一些规律性认识。本节选取了两份数据周报作为案例进行展示，这两份数据周报分列 2016 年 5 月之前和 5 月之后的时间段，体现了内容方面的调整。

案例一

科普中国实时探针舆情周报
（2016.02.22～2016.02.28）

一、一周舆情概述

本周，"科普中国实时探针"共收录科普相关信息 585 295 篇，新闻、微信为主要传播平台，论坛略微超过微博成为第三大传播平台。舆情走势总体平稳向下，年后舆情回暖后逐渐平稳回落。

　　周末再曝广东新增两例输入性寨卡病例，网民感慨为何总是广东。与此同时，我国宣布了载人航天空间实验室任务，将发射天宫二号空间实验室、神舟十一号飞船和首艘货运飞船天舟一号，目标在 2020 年完成空间站建设。该事件引发舆论关注，网民讽刺质疑和抨击反对的争论不相上下，中美之间航空航天技术发展的对比也再次被推上风口浪尖。

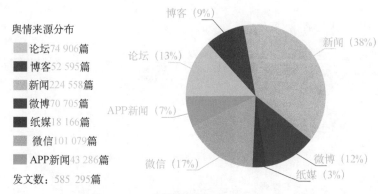

一周舆情热度分布图
（监测时段：2016 年 2 月 22 日～ 2016 年 2 月 28 日）

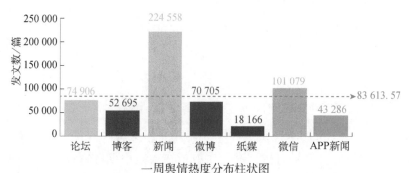

一周舆情热度分布柱状图
（监测时段：2016 年 2 月 22 日～ 2016 年 2 月 28 日）

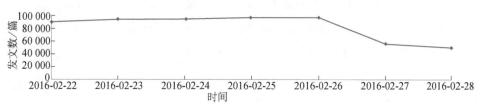

一周发文数量走势图
（监测时段：2016 年 2 月 22 日～ 2016 年 2 月 28 日）

二、热点排行

排名	热点文章	日期	站点	关键词	传播量	阅读量	回复量
			科普热点排行榜				
1	尼泊尔客机失事 23 人全遇难	2 月 24 日	新华网	事故救援	82 541	45 151	4 584
2	广东新增两例输入性寨卡病毒感染病例	2 月 28 日	央视新闻	疫情	78 451	68 741	19 581
3	我国载人航天空间实验室任务拟今年开始实施：将发射天宫二号空间实验室、神舟十一号飞船和首艘货运飞船天舟一号，目标 2020 年完成空间站建设	2 月 28 日	《人民日报》	航空航天	68 716	102 644	42 654
4	世界移动通信大会（MWC 2016）在西班牙巴塞罗那举行	2 月 22 日	DoNews	科技大会	54 814	54 511	29 874
5	美国宇航局研发等离子推进器 10 年后去火星	2 月 22 日	腾讯太空	航空航天	43 511	15 541	4 562
6	中国科学家培育出人工精子，能正常繁殖下一代	2 月 27 日	《北京晨报》	前沿科技	15 714	15 641	6 874

三、舆情分析

我国公布空间实验室任务引发舆论热议

2 月 27 日，我国公布空间实验室任务，按计划，将于 2016 年第三季度择机发射天宫二号空间实验室；2016 年第四季度发射神舟十一号飞船，搭乘 2 名航天员，与天宫二号对接，进行宇航员在太空中期驻留试验；在此之前，还将在海南文昌卫星发射中心进行长征七号运载火箭首飞试验，通过考核后，将于 2017 年上半年用长征七号运载火箭发射天舟一号货运飞船，与天宫二号对接，开展推进剂补加等相关试验。在全面推进空间实验室任务准备工作的同时，我国空间站研制工作进展顺利，将于 2020 年前后完成中国空间站建造任务。

（一）网民观点

抽样各大新闻媒体中网民发表的 4000 条评论进行分析，观点分布如下（部分言论包含多个观点，百分比总数大于100%）。

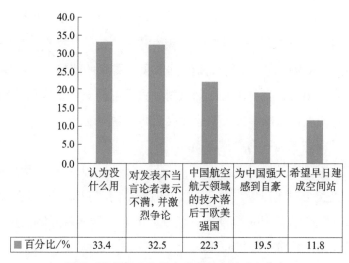

■ 百分比/%	认为没什么用	对发表不当言论者表示不满，并激烈争论	中国航空航天领域的技术落后于欧美强国	为中国强大感到自豪	希望早日建成空间站
	33.4	32.5	22.3	19.5	11.8

网民对我国公布空间实验室任务的观点分布

（二）媒体观点

多数媒体以转载报道新闻本身为主，部分财经媒体认为消息利好我国航空航天相关产业链的发展。

《证券市场周刊·红周刊》刊登的题为"我国加速推进空间实验室任务 产业链迎机遇"的文章表示，空间实验室任务是我国载人航天"三步走"发展战略的重要组成部分，标志着我国载人航天进入应用发展新阶段，也将给火箭制造、载人航天器等产业带来机遇。

中财网刊登的《我国加速推进空间实验室任务 航天业发展入黄金期》认为，经历1976年至今近40年的发展，到2014年年底，中国总计发射了266颗卫星，其中在轨卫星数目达139颗，超过俄罗斯的134颗，位居世界第二。我国已为国际用户发射了46颗卫星，对委内瑞拉、泰国等国实现了整星、整平台出口。预计未来5年，中国还将发射至少120颗卫星，包括通信卫星20颗左右、遥感卫星70颗左右、导航卫星30颗左右。值得注意的是，此前发射的卫星以科研试验探索为主，好比"蹭路"；以后发射的卫星将以商业应用为主，目标是"挣钱"，其中蕴藏着巨大的投资机会。

（三）科普释疑

1. 天舟一号货运飞船为什么选址海南文昌卫星发射中心发射？

中国探月工程总设计师吴伟仁称原因有三个：第一，文昌卫星发射中心位于北纬19度，离赤道近，发射火箭的推力大，需要的能量少，耗能低，卫星寿命相对更长；第二，发射中心毗邻大海，火箭射向宽，航区和残骸落区安全性好；第三，海上运输能解决大型运载火箭的运输问题等。

2. 天宫二号与天宫一号有何不同？

中国载人航天工程办公室主任王兆耀此前介绍，天宫一号是目标飞行器，执行的主要是交会对接任务。而天宫二号叫作空间实验室，它将在天宫一号的基础上增加推进剂在轨补加等功能。此外，天宫二号还将开展太空维修实验，为未来的空间站运营维护提供经验。

天宫二号仍然是8吨多，与天宫一号的平台相当，但是载荷发生了很大变化。在应用上有很多不同的功能。具体的功能有五大类，将开展地球科学研究、生命科学研究和基础物理实验等一些新的实验。因此，功能增加了很多，重量还是相当的。

3. 为什么第三批航天员不考虑女性？

中国航天员科研训练中心副总设计师黄伟芬曾在2014年9月透露，第三批航天员成分将和前两批有所不同，前两批航天员都是来自飞行员，第三批航天员队伍中，将在与载人航天相关的研制部门中选拔工程师。随着载人航天工程的发展，也有可能从医学专家中选拔医生或心理学家加入航天员队伍。没有考虑从女性中选拔第三批航天员，原因主要是考虑未来空间站建造期对航天员的要求。另外，我国目前的两名女性航天员已可以满足任务需要。

四、"科普中国"传播效果分析

本周"科普中国实时探针"收录"科普中国"相关的发文总计695篇。

在内容上，网民对生活、饮食、健康类的科普话题兴趣较高，相关的微信阅读数明显较大。媒体对航空航天、前沿科技类的话题转载较多。

在发文平台上，微信公众号"科普中国"的发文传播力依旧遥遥领先，"科普中国"的栏目中，"科技前沿大师谈"栏目刊发的新闻、文章最受媒体欢迎，转载较多。"科学原理一点通"栏目发布的新闻、文章表现也不错。

微信文章传播排行

排序	标题	公众号	阅读数	来源
1	这些从小听到大的生理常识，哪个坑过你？	科普中国	7370	科普中国
2	酒后还有哪些你不知道的事？	科普中国	6844	科普中国
3	科学有料：古代木工不需要钉子的秘密，33张动图告诉你！	科普中国	5088	科普中国
4	总是胃疼，是不是得胃癌了？	科普中国	4811	科普中国
5	科学有料：十种刮油食物，你家餐桌上有吗？	科普中国	4613	养生中国
6	科学有料：原来鸡蛋买回家不能直接放冰箱……	科普中国	4400	高质量生活知识
7	科学有料：这个标志马路上到处都有，很多司机却忽略了它！	科普中国	3833	《现代快报》

新闻文章传播排行

排序	新闻标题	栏目	转载数	来源
1	德国研究可清除艾滋病病毒的新方法	科技前沿大师谈	140	新华社
2	焦点科普：世卫批驳寨卡病毒与小头症四大谣言	科技前沿大师谈	138	新华社
3	中国科学家对太阳做"CT"首获7波段层析成像	科技前沿大师谈	99	中国新闻网
4	"万能材料"石墨烯，万能在哪？	科学原理一点通	67	科普中国微平台
5	美将建造"超级哈勃"太空望远镜	科技前沿大师谈	41	新华社
6	互联网时代的超新星搜索	科技前沿大师谈	31	科普中国
7	研究蝙蝠"全天候"免疫系统可能造福人类	科技前沿大师谈	22	新华社
8	为什么猫会"咕噜咕噜"地叫？	科学原理一点通	11	蝌蚪五线谱
9	人类借助引力波或可解决的六大宇宙问题	科技前沿大师谈	6	《科技日报》

续表

排序	新闻标题	栏目	转载数	来源
10	水电站大坝如何防洪泄洪？	移动端融合创作	4	科普中国
11	帝企鹅爸爸如何保鲜食物？	科学原理一点通	3	蝌蚪五线谱
12	学几招，轻松分辨桃李梅樱？	科学原理一点通	2	蝌蚪五线谱

论坛博客文章传播排行

排序	标题	站点	作者	阅读数	回复数
1	科普中国：别开枪！自己人！一地面战场敌我识别技术	超级大本营论坛	大刀斩RB	8426	10
2	女性之间也能繁育后代了，真的不是《西游记》女儿国剧情吗？	绍兴E网论坛	美丽星空	349	0
3	历史上的今天1946年2月22日：链霉素被发现	新浪博客	人在远方	171	0
4	核能也疯狂：核动力飞机和火箭异想天开的感觉	新浪博客	恒星未来之路	59	1

注：数据来源于科普中国实时探针科普舆情监测系统

五、科普启示

（一）航空航天持续走热，急需科普外国航天知识

从网民观点占比看，在对待我国载人航天空间实验室任务事件上，网民理性有所提升，但网民对于各国的航空航天技术领域的历史、发展、案例仍然知之甚少，不少网民单纯地认为欧美各国航空航天技术更强。

（二）两会即将召开，会议相关科普类话题仍可持续关注

全国两会即将召开，与会议相关的科普类话题、提案、议案、政策等仍然可持续关注，进行事件类科普，可重点关注新能源、新材料、科技发展重大项目、科技产业政策等。

案例二（该案例是 2016 年 5 月之后的数据周报）

科普中国实时探针舆情周报
（2016.12.22～2016.12.28）

一、科普热点

（一）概况

"科普中国实时探针"共收录科普相关信息 1 275 949 篇。互联网新闻占比近四成，微信占比超两成，微博、APP 新闻占比均为一成左右。

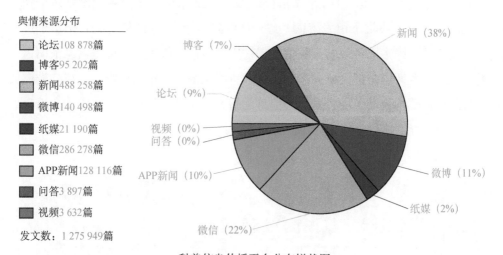

舆情来源分布

- 论坛108 878篇
- 博客95 202篇
- 新闻488 258篇
- 微博140 498篇
- 纸媒21 190篇
- 微信286 278篇
- APP新闻128 116篇
- 问答3 897篇
- 视频3 632篇

发文数：1 275 949篇

科普信息传播平台分布饼状图
（监测时段：2016 年 12 月 22 日零时～2016 年 12 月 28 日 24 时）
注：因各平台发文数占比统计图中的百分比数值均取整数，视频、问答平台
的发文数量不足整数的数量级，故在统计图中显示为 0

科普信息发文数量走势呈现先下降再上升最后小幅度下滑的变化趋势，中期因周末数据减少，出现舆情低谷。

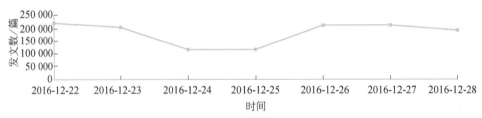

科普信息发文数量走势图
（监测时段：2016 年 12 月 22 日零时～ 2016 年 12 月 28 日 24 时）

（二）科普发文类别排行

"科普中国实时探针"根据科普关键词进行全网监测，包括近 2 万家新闻网站、近 1000 家纸媒、70 个主流新闻 APP、十大主流博客、3 万多个论坛、100 万个微博账号、近 10 万个微信公众账号、25 家国内主流视频网站、十大主流问答平台，共收录相关信息 1 275 949 篇。对所收录的信息的各个类别进行发文统计，因本周各地的雾霾信息仍被广泛传播，故生态环境类信息依旧占据首位；俄罗斯国防部飞机失事、印度客机滑出跑道、重庆地震、天津临港燃气管道爆炸等均带动了应急避险类信息的增长，居第二位；其后依次为前沿科技、健康医疗、伪科学等。具体排行如下。

科普八大主题及伪科学共九类发文数排行

排名	类别	发文数	典型文章
1	生态环境	259 203	关于雾霾，你都应该知道什么？
2	应急避险	258 805	今年矿难为何多发？
3	前沿科技	110 775	从 IBM 的深蓝到 AlphaGo，人类开启人工智能新时代！
4	健康医疗	54 646	感冒时，谁把鼻子给塞住了？
5	伪科学	45 301	微波炉伤脑还致癌？这个"黑锅"不背……
6	食品安全	41 213	厉害了！冬至饺子里的营养学问！
7	科普活动	33 543	2016 年终盘点特刊·竞相迸发的智库力量
8	航空航天	16 952	"千里眼"如何"看"二氧化碳？——详解我国首颗碳卫星
9	能源利用	2 038	用温泉洗澡煮鸡蛋？地热能丰富的国家就是这么任性

（三）热点事件排行

对全网近 2 万家新闻网站、近 1000 家纸媒、70 个主流新闻 APP、十大主流博客、3 万多个论坛、100 万个微博账号、近 10 万个微信公众账号、25 家国内主流视频网站、十大主流问答平台的所有信息进行分析，整理出科学领域的热点事件。12 月 25 日，俄罗斯国防部一飞机失联，后被证实失事，引发媒体、网民大范围关注；12 月 27 日国务院新闻办公室发布《2016 中国的航天》白皮书，12 月 22 日中国首颗碳卫星发射成功，国家航天事业的年度总结和最新发展获得网民欢呼点赞；12 月 25 日，首部中医药法落地引发关注和讨论；12 月 27 日，《国家网络空间安全战略》发布，网民期待网络安全能得以保障。

热点事件排行榜

排名	热点事件	类别	发文数
1	俄罗斯国防部飞机失事	应急避险	65 390
2	《2016 年中国的航天》白皮书发布	航空航天	38 932
3	中国首颗碳卫星发射成功	航空航天	16 006
4	首部中医药法落地	健康医疗	12 579
5	《国家网络空间安全战略》发布	前沿科技	7 714

注：热点事件排行榜中的"发文数"指标是针对整个事件在全互联网领域的所有信息

（四）科普热点排行

科普热点排行榜

排名	科普热点	类别	发文数
1	俄罗斯国防部飞机失事	应急避险	7648
2	中国首颗碳卫星发射成功	航空航天	3506
3	《2016 年中国的航天》白皮书发布	航空航天	3229
4	《国家网络空间安全战略》发布	前沿科技	2956
5	首部中医药法落地	健康医疗	1132

注：科普热点排行榜中的"发文数"指标是针对该事件与科普相关的信息

二、网民视角

中国首颗碳卫星发射成功　网民期待为全球大气污染治理做贡献

（一）事件概述

12月22日3时22分，我国在酒泉卫星发射中心用长征二号丁运载火箭成功将我国首颗全球二氧化碳监测科学实验卫星（简称"碳卫星"）发射升空。此次任务，还搭载发射了1颗高分微纳卫星和2颗光谱微纳卫星。碳卫星的成功研制和后续在轨稳定运行，将使我国初步形成针对全球、中国及其他重点地区的大气二氧化碳浓度监测能力，填补了我国在温室气体检测方面的技术空白，其成果对我国掌握全球变暖的变化规律和全球碳排放分布、提高我国在应对全球气候变化的国际话语权等方面具有重要意义。

"科普中国"官方网站与各大媒体进行融合传播，转载了首颗碳卫星成功发射的相关文章数篇，如《中国首颗碳卫星成功发射　专门看雾霾》《"千里眼"如何"看"二氧化碳？》《小个子有大本领，看"碳卫星"如何让碳排放无处遁形》《焦点科普：国际"嗅碳"卫星家族都有谁》等。各大媒体也对首颗碳卫星升空进行了报道。其中新浪网发布报道160篇，如《碳卫星是怎样"炼"成的》《监督全球碳排放，还能测雾霾》《这颗卫星能"嗅"碳》等；中国网发布报道127篇，如《图记碳卫星成长》《我国首颗碳卫星发射成功　可监测全球二氧化碳浓度》《这颗卫星不简单　带你一"碳"究竟》；人民网发布报道121篇，如《我国首颗碳卫星发射：全球二氧化碳监测的"中国担当"》《碳卫星如何进行全球"碳普查"》《我们为什么要发射自己的碳卫星》等；新华网发布报道68篇，如《发射一颗碳卫星意味着什么？　CO_2排放量　中国卫星来算账》《"千里眼"如何"看"二氧化碳？——详解我国首颗碳卫星》《碳卫星探"碳"，一探究竟》等。另外，中国新闻网、搜狐网、网易新闻、今日头条、东方头条APP、ZAKER新闻APP等均参与了较多报道工作。

（二）网民观点

抽样分析2000条网民言论，网民观点分布如下（部分言论包含多个观点）。

针对我国首颗碳卫星成功发射，超七成网民持正面及客观观点。超五成网民为碳卫星的成功发射及我国的航天事业发展欢呼，并期待我国为全球的大气污染治理做贡献；两成左右网民对碳卫星的功能及意义进行了科普，并调侃我国将以此与美国等进行碳交易。另有近三成网民的言论较为负面，一方面，依旧将重点放在吐槽雾霾上；另一方面，吐槽我国的航天技术不断发展却无实质性效用。

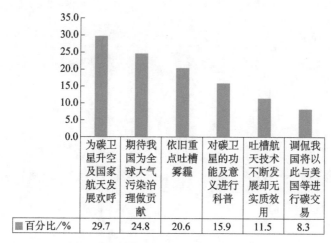

网民对首颗碳卫星成功发射的观点分布

百分比/%	为碳卫星升空及国家航天发展欢呼	期待我国为全球大气污染治理做贡献	依旧重点吐槽雾霾	对碳卫星的功能及意义进行科普	吐槽航天技术不断发展却无实质效用	调侃我国将以此与美国等进行碳交易
	29.7	24.8	20.6	15.9	11.5	8.3

三、科普微信账号传播榜

以阅读数为第一条件，对与科普相关的1000多个微信账号进行排行，"科普中国"微信方阵总计阅读数为103 522人次。以单个微信账号看，"果壳网"以较大优势居于首位；其后依次为"物种日历""知识分子""中国国家地理""贤爸科学馆"等；"科普中国"也以63 822人次的阅读数居于第九位。此外，科普微信账号前50排行数据显示，"科普中国"各栏目（频道）中，新华网运营的"科技前沿大师谈""科学原理一点通""科技创新里程碑""科技名家风采录微平台""军事科技前沿"等项目分别位列第23位、第28位、第32位、第36位、第46位。

科普微信账号排行榜

排序	微信账号	阅读数	点赞数	文章数	运营单位
1	果壳网	3 040 931	44 698	48	北京果壳互动科技传媒有限公司
2	物种日历	536 610	4 563	15	北京果壳互动科技传媒有限公司
3	知识分子	253 377	1 026	17	北京自在分享贸易有限公司
4	中国国家地理	240 320	2 022	7	北京全景国家地理新媒体科技有限公司
5	贤爸科学馆	207 111	2 997	10	嘉兴市步嘉教育咨询有限公司
6	赛先生	142 911	617	14	上海百人文化传媒有限公司
7	中科院之声	98 755	1 165	28	中国科学院
8	科学人	64 535	545	14	北京果壳互动科技传媒有限公司
9	科普中国	63 822	500	24	中国科学技术协会
10	中国好营养	54 221	409	9	中国营养学会

第三节 网络科普舆情月报

　　数据月报在数据周报的基础上撰写，是对数据周报内容的概括和提炼。2016 年的数据月报仅有 1 期，主要内容包括舆情概况、热点排行和舆情特点简析。"舆情概况"是用柱状图和饼图等形式对舆情传播的平台及舆情走势情况进行展示，读者可以一目了然地看到结果；"热点排行"是根据月度数据周报的统计结果，通过阅读量、回复量等指标挑选出 20 条左右的热点文章，并形成热点新闻排行榜；"舆情特点简析"是从热点排行的新闻中挑选出几条重点新闻进行分析，主要对网友观点、态度及媒体报道情况进行概括。

　　以下是 2016 年的 1 期数据月报案例。

科普中国实时探针舆情月报

（2016.1.1～2016.1.31）

一、舆情概况

2016年1月，"科普中国实时探针"共收录2 265 131篇文章，舆情传播主要集中在新闻、微信、微博三大平台，舆情走势呈现波浪式震荡起伏。

舆情来源分布

☐ 论坛278 008篇

■ 博客169 456篇

☐ 新闻954 209篇

■ 微博326 812篇

■ 纸媒89 269篇

☐ 微信354 336篇

☐ APP新闻93 041篇

发文数：2 265 131篇

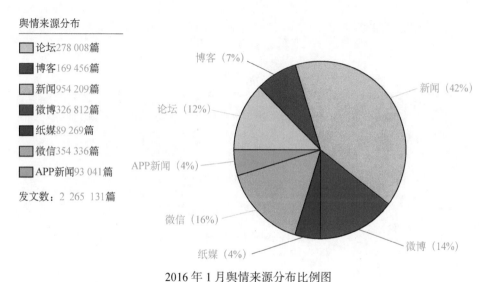

2016年1月舆情来源分布比例图

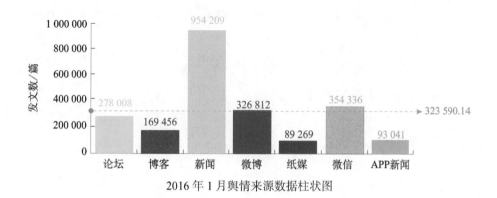

2016年1月舆情来源数据柱状图

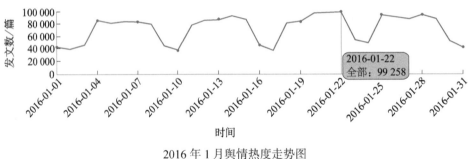

2016 年 1 月舆情热度走势图

二、热点排行

科普热点排行榜

排名	热点文章	日期	站点	关键词	阅读量	回复量
1	"霸王级"寒潮影响我国 多地迎大范围雨雪	1 月 20 日	人民网	极端天气	928 4164	1 987 126
2	朋友圈"我和微信的故事"被传盗号是谣言	1 月 10 日	微信	科技谣言	6 781 465	558 744
3	宁夏公交车纵火案 17 人遇难 32 人受伤	1 月 5 日	央视网	重大事故	1 021 471	187 161
4	百度出售"血友病"贴吧事件	1 月 10 日	百度贴吧	疾病健康	397 541	158 413
5	朝鲜宣布氢弹试验成功 中国测定朝鲜发生深度 0 千米 4.9 级地震	1 月 6 日	中国地震台网	航空航天	198 746	78 943
6	美国宇航员在空间站培育出第一株花	1 月 18 日	凤凰网	航空航天	121 284	64 510
7	SpaceX 公司猎鹰九号海上回收火箭失败	1 月 18 日	腾讯太空	航空航天	118 741	95 412
8	肯尼迪航天中心纪念挑战者号坠毁 30 周年	1 月 28 日	腾讯太空	航空航天	112 933	65 463
9	朋友圈传言杭州下周最低气温 −11℃ 气象台回应：不明机构预报误差大不必信	1 月 14 日	浙江在线	天气气象	109 778	65 871

续表

排名	热点文章	日期	站点	关键词	阅读量	回复量
10	35 家餐企使用罂粟壳被查	1 月 22 日	国家食品药品监督管理总局网站	食品安全	98 716	18 531
11	寨卡病毒在美洲"爆炸式"传播 世卫紧急应对	1 月 28 日	新华社	疫情	83 251	26 851
12	2016 年国际消费类电子产品展览会（CES2016）在美国拉斯维加斯举行 多家中国企业违规参展被处罚	1 月 9 日	搜狐科技	科技展会	79 846	12 641
13	冷空气寒潮再度来袭影响我国	1 月 31 日	央广网	极端天气	75 411	12 544
14	2015 年度国家科技奖励大会召开 最高科技奖空缺	1 月 8 日	《人民日报》	科技奖项	69 822	24 871
15	上海、宁波发现感染 H7N9 病毒确诊病例 东莞确诊首例 H7N9 阳性鸡样品	1 月 10 日	搜狐新闻	疫情	69 715	19 212
16	广东肇庆、深圳及江西发现 H5N6 禽流感病例	1 月 10 日	央广网	疫情	65 443	17 841
17	新能源汽车产业链骗补严重 四部委将严查	1 月 26 日	搜狐新闻	新能源	57 741	2 103
18	习近平：切实保障群众"舌尖上的安全"	1 月 28 日	《人民日报》	食品安全	55 151	15 411
19	美科学家称发现太阳系第 9 大行星	1 月 21 日	果壳网	航空航天	49 284	12 214
20	H7N9、H5N6 通报病例继续增加 全国多地出现因 H7N9 感染死亡谣言	1 月 18 日	央广网	疫情	47 151	15 871

三、舆情特点简析

（一）航空航天类话题继续受热议

相关话题信息超过三成，多数事件来自美国。网民热衷中美技术对比，多数网民赞叹美国在航空航天领域的技术。同时专家和媒体也逐渐跟进，深度思考和报道中国航空航天技术创新在政策环境、制度、人才等多方面的情况。

（二）季节性新老疫情交替出现

本月中旬，禽流感 H7N9、H5N6 疫情病例在我国上海、浙江宁波、广东等地接连出现，伴随着疫情而来的是其他未发生疫情的城市也蔓延着各个版本的谣言。下旬"寨卡热"影响中非、美洲，寨卡病毒甚至快速扩散至欧洲，在国外发生疫情地区的网民尤其感到恐慌，由于之前对寨卡病毒的了解较少，不少网民也表达了对这种新型疫情的疑惑。

（三）热点事件触发食品安全类老话题发酵

国家食品药品监督管理总局公布 35 家餐饮企业使用罂粟壳被查后，关于餐饮行业添加罂粟壳再次被推上舆论风口。而令人诧异的是，根据调查，多数网民对于这一现象不以为然。食品安全类话题老生常谈，国家主席习近平就在近期对食品安全工作作出重要指示，强调切实保障群众"舌尖上的安全"。

（四）朋友圈传播效果凸显

虽然朋友圈"我和微信的故事"被传盗号最终被证明是谣言，但其间在几小时内的大量转发及百万级的用户解绑银行卡，足见朋友圈的传播力。同样，极端天气寒潮影响期间，网民调侃"最先下雪的是在朋友圈"。

第四节 网络科普舆情专报

专报通常选取引起社会重大反响的科普主题进行全面、深入分析，通常从媒体报道情况、专家观点、网友观点等角度来进行。2016 年 2 月的数据专报以引力波的发现为主题，除了常规分析角度外，还增加了"科普中国"框架下媒介平台报道部分的分析。

科普中国实时探针引力波事件舆情专报

科学家探测到引力波　引发舆论遐想与感慨

美国当地时间2月11日上午10点30分（北京时间2月11日23点30分），美国国家科学基金会（NSF）召集来自加州理工学院、麻省理工学院及LIGO科学合作组织的科学家在华盛顿特区国家媒体中心宣布：人类首次直接探测到了引力波。

引力波是爱因斯坦广义相对论所预言的一种以光速传播的时空波动，如同将石头丢进水里产生的波纹一样，引力波被视为宇宙中的"时空涟漪"。引力波的发现对科技发展意义重大，引发各界热议。

一、传播分析

（一）载体分布

2016年2月11～16日，全网共监测到"引力波"相关信息1 369 960篇，其中微博1 126 343篇、论坛162 332篇、新闻15 038篇、微信11 821篇、博客52 734篇、移动客户端988篇、纸媒704篇。网络舆情关注度极高。其中，微博平台信息过百万级，为主要传播平台。

2016年2月11～16日，"科普中国实时探针"共监测到"引力波"相关信息7414篇，其中微博639篇、论坛574篇、新闻3255篇、微信2109篇、博客356篇、移动客户端284篇、纸媒197篇。

"科普中国实时探针"系统采用了消重功能，避免重复采集信息，而且采集范围更专注科普领域，所以采集的数据小于全网数据。通过分析数据可以发现，在春节期间，微博成为事件的主要传播渠道。同时也表明，相对严肃的科学话题，微博比微信更适合传播。

（二）热度走势

2016 年 2 月 11 日，媒体报道了科学家探测到引力波的消息，舆情开始上升，12 日达到顶峰，随后回落。

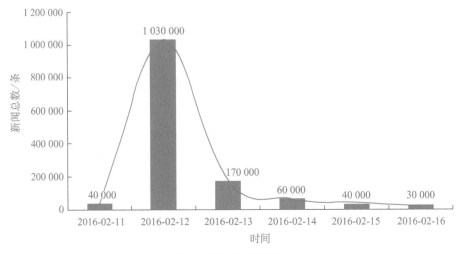

引力波事件热度走势图

（三）传播路径

引力波事件传播路径复杂，层级较多，表现出较大传播影响力的媒体有新华社、新华网、《京华时报》、《科技日报》、中国新闻网等，下面截图进行说明。

2015 年 9 月 14 日，LIGO 的一对探测器探测到引力波信号，这是整个事件的根节点、起始点。当时并未引起媒体大范围关注，参与报道的媒体较少。其中，新华社发布的报道影响力最大，被 60 多家媒体转载。

2016 年 2 月 11 日，科学家正式宣布探测到了引力波，引起媒体极大关注。传播高峰发生在 2 月 12 日，新华网、《京华时报》两家媒体发稿快速、抢占先机，显示出巨大的影响力，新华网消息得到 32 家媒体的广泛传播，《京华时报》消息被 25 家媒体转载。

新快报【2015-09-14】────── 新闻网【2016-02-15 00:56】
新华网河南频道【2016-02-12】
四川新闻网雅安频道【2016-02-12】
经济日报【2016-02-12】
哈尔滨新闻网【2016-02-12 08:50】
中国山东网【2016-02-12 8:56:47】
中国赣州网【2016-02-12 09:02】
四川新闻地方频道【2016-02-12 09:21】
广西新闻网【2016-02-12 09:55】
青海新闻网【2016-02-12 10:02】
城市联合网络电视台【2016-02-12 10:15:38】
西安新闻网【2016-02-12 10:18】
2016年02月12日【2016-02-12 10:27:09】
新华网河北站【2016-02-12 10:35:21】
四川新闻网眉山频道【2016-02-12 10:41】
新华网陕西站【2016-02-12 11:00:51】
宁海新闻网【2016-02-12 11:15:52】
星辰在线【2016-02-12 11:20】
发展门户网【2016-02-12 11:44:12】
人民网陕西站【2016-02-12 11:50】
新华网云南站【2016-02-12 14:48:31】
海口网【2016-02-12 22:31】
湖南日报【2016-02-13】
南宁日报【2016-02-13】
中国金华网【2016-02-13】
深圳特区报【2016-02-13】
吉和网【2016-02-13 07:33:21】
中国商务新闻网【2016-02-13 22:33:29】
中国教育新闻网【2016-02-14】
潇湘晨报数字报【2016-2-14】

新华社【2015-09-14】

党建网【2016-02-14】
中国教育..【2016-02-14】
中国青田网【2016-02-14 8:11:00】
聊城新闻网【2016-02-14 08:50:39】
红网环球频道【2016-02-14 09:06:07】─── 株洲新闻网【2016-02-12 10:29】
红网【2016-02-14 09:06:07】────── 人民网甘肃视窗【2016-02-13 10:34】
人民河北【2016-02-014 09:13】
新华网北京频道【2016-02-014 9:16:56】
神木新闻网【2016-02-14 09:23:00】
新华网黑龙江频道【2016-02-14 09:45:31】
新华网广东频道【2016-02-14 11:03】
临海新闻网【2016-02-14 16:47:16】
人民政协网【2016-02-14 18:45】
农民日报【2016-02-14 20:32】
深圳商报【2016-02-15】
福建日报【2016-02-15】
苏州日报【2016-02-15】
中国社会..【2016-02-15 09:53】
江苏快讯网【2016-02-15 11:57:26】
中国政府网【2016-02-15 17:31】
太湖明珠网【2016-02-16 07:06:08】
新华网黑龙江站【2016-02-16 08:13:10】
中国创新网【2016-02-16 08:57:37】
新浪网【2016-02-16 09:12:44】
腾讯大燕网【2016-02-16 09:30】
中国视窗【2016-02-16 16:20:57】
新华网山西频道【2016-02】

2015 年 9 月 14 日新华社报道传播路径

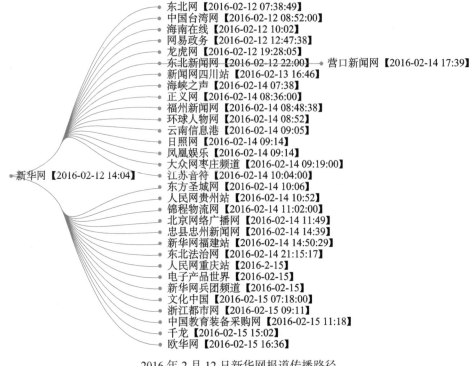

新华网【2016-02-12 14:04】

- 东北网【2016-02-12 07:38:49】
- 中国台湾网【2016-02-12 08:52:00】
- 海南在线【2016-02-12 10:02】
- 网易政务【2016-02-12 12:47:38】
- 龙虎网【2016-02-12 19:28:05】
- 东北新闻网【2016-02-12 22:00】→营口新闻网【2016-02-14 17:39】
- 新闻网四川站【2016-02-13 16:46】
- 海峡之声【2016-02-14 07:38】
- 正义网【2016-02-14 08:36:00】
- 福州新闻网【2016-02-14 08:48:38】
- 环球人物网【2016-02-14 08:52】
- 云南信息港【2016-02-14 09:05】
- 日照网【2016-02-14 09:14】
- 凤凰娱乐【2016-02-14 09:14】
- 大众网枣庄频道【2016-02-14 09:19:00】
- 江苏音符【2016-02-14 10:04:00】
- 东方圣城网【2016-02-14 10:06】
- 人民网贵州站【2016-02-14 10:52】
- 锦程物流网【2016-02-14 11:02:00】
- 北京网络广播网【2016-02-14 11:49】
- 忠县忠州新闻网【2016-02-14 14:39】
- 新华网福建站【2016-02-14 14:50:29】
- 东北法治网【2016-02-14 21:15:17】
- 人民网重庆站【2016-2-15】
- 电子产品世界【2016-02-15】
- 新华网兵团频道【2016-02-15】
- 文化中国【2016-02-15 07:18:00】
- 浙江都市网【2016-02-15 09:11】
- 中国教育装备采购网【2016-02-15 11:18】
- 千龙【2016-02-15 15:02】
- 欧华网【2016-02-15 16:36】

2016 年 2 月 12 日新华网报道传播路径

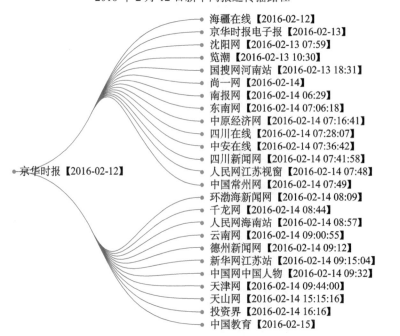

京华时报【2016-02-12】

- 海疆在线【2016-02-12】
- 京华时报电子报【2016-02-13】
- 沈阳网【2016-02-13 07:59】
- 览潮【2016-02-13 10:30】
- 国搜网河南站【2016-02-13 18:31】
- 尚一网【2016-02-14】
- 南报网【2016-02-14 06:29】
- 东南网【2016-02-14 07:06:18】
- 中原经济网【2016-02-14 07:16:41】
- 四川在线【2016-02-14 07:28:07】
- 中安在线【2016-02-14 07:36:42】
- 四川新闻网【2016-02-14 07:41:58】
- 人民网江苏视窗【2016-02-14 07:48】
- 中国常州网【2016-02-14 07:49】
- 环渤海新闻网【2016-02-14 08:09】
- 千龙网【2016-02-14 08:44】
- 人民网海南站【2016-02-14 08:57】
- 云南网【2016-02-14 09:00:55】
- 德州新闻网【2016-02-14 09:12】
- 新华网江苏站【2016-02-14 09:15:04】
- 中国网中国人物【2016-02-14 09:32】
- 天津网【2016-02-14 09:44:00】
- 天山网【2016-02-14 15:15:16】
- 投资界【2016-02-14 16:16】
- 中国教育【2016-02-15】

2016 年 2 月 12 日《京华时报》报道传播路径

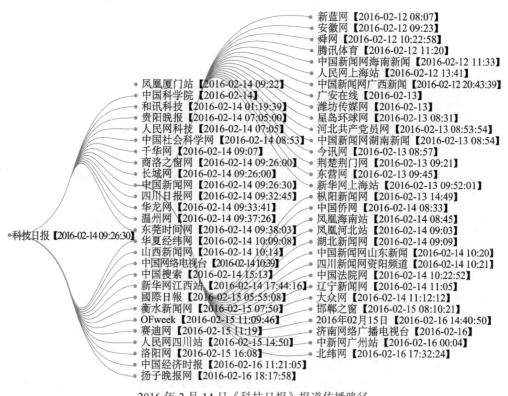

2016 年 2 月 14 日《科技日报》报道传播路径

　　2016 年 2 月 14 日，《科技日报》的报道被 27 家媒体转载。在二次传播中，中国新闻网的影响力最大；在三次传播中，有 30 多家媒体从中国新闻网转载文章。

　　此外，科学网、中国青年网、腾讯太空、光明网、《新京报》、《北京青年报》、新浪科技、环球网、《北京晨报》等媒体也在引力波事件中显示出较强的传播力。

二、十大热词

　　"引力""探测""黑洞""宇宙""爱因斯坦""相对论""科学家""激光""研究""存在"是最受关注的十大热词。可见，在引力波事件中，大家对宇宙的探讨达到了一个舆情高峰，"爱因斯坦""引力""黑洞"等都被大家频频提及。

引力波事件中最受关注的十大热词

三、十大报道媒体

众多媒体对引力波事件进行了大量的相关报道，其中搜狐网、新浪博客、腾讯微博、未来网、中国网、新华网、网易新闻、东方财富网、光明网、ZAKER 新闻 APP 发文量位居前十。

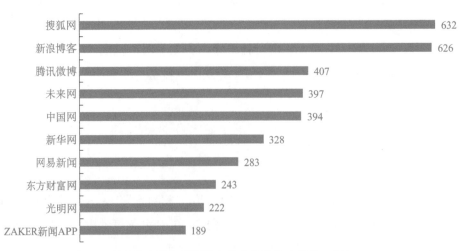

引力波事件中报道排名前十的媒体（单位：篇）

四、热点文章排行

（一）热门微博排行

热门微博排行榜

排序	来源	微博	转发数	评论数
1	果壳网	科学家直接探测到了引力波！今晚的"大新闻"到底说了个啥？看完这篇文章你就知道了：http://t.cn/RGtVy9Z	136 034	18 184
2	科普君 XueShu	大新闻！大新闻！物理学划时代成就！里程碑！激光干涉引力波天文台（LIGO）通过观测两个黑洞的碰撞融合过程，已宣布证实了引力波的存在！这是广义相对论和人类理性的伟大胜利！意义不可估量！两分钟小短片感受下《碰撞的黑洞和引力波》！向爱因斯坦致敬！	126 946	18 637
3	NASA 中文	重大新闻，人类首次探测到的引力波	71 897	16 285
4	科普君 XueShu	知名弦理论科学家 B.Green 解读《引力波的发现及意义》。昨晚公布的发现是近百年来最伟大的物理学成就之一！再次证明了爱因斯坦的智慧超前！意义不可估量！三分钟小短片，生动形象，高大上涨"姿势"。	30 465	3 055
5	三体电影	公元 2016 年格林尼治时间 2 月 11 日 15 时 32 分，北京时间 23 时 32 分，人类文明宣布第一次发现引力波存在证据——《时间之外的往事：节选》	14 015	1 156

（二）热点新闻排行

热点新闻排行榜

排序	来源	标题	评论数	相似报道量
1	网易科技	美国科学家宣布探测到引力波	4 005	2 480
2	腾讯评论	为何又是美国人发现了引力波	11 013	158
3	腾讯太空	人类首次直接探测到了引力波	12 593	114
4	腾讯科技	清华大学团队对"捕获"引力波做出贡献	1 763	79
5	腾讯太空	关于引力波你需要知道的七大事实	1 925	40

五、国内热点

（一）倡导和弘扬科学精神

《人民日报》发表社论《传承人类自己的"引力波"》指出，对科学的信念和坚持，比起黑洞相撞激起的涟漪，更具有穿越时空的力量。沉浸在传统佳节的中国，由此掀起了一轮崇尚科学的热情，激发了对浩渺宇宙的奇妙想象与对探索宇宙规律的向往。透过"引力波"，人们对"基础科学艰辛而美丽"有了真切的认知，科学工作者对如何推动创新有了深切的思考。

《解放日报》刊文《读懂"引力波"背后的科学精神》，文章表示，最重要的是，引力波让人感受到科学本身展示出的力与美，以及源自科学精神的那种本真的激情与狂喜。

《中国青年网》发表《在引力波时代刷出中国色彩》表示，我们当然无须妄自菲薄。长达 30 多年的经济高速增长，给科技创新奠定了坚实的物质基础。不久前，世界顶级学术期刊出版公司——自然出版集团，用中英文两种语言面向全球发布《转型中的中国科研》表示："中国现在的研发投入和科研产出均居于世界第二位。"此外，中国还是自然指数（Nature Index）在全球的第二大贡献国，显示了高水平的科研实力。我们当然也不能无视短板与不足。千帆竞发，百舸争流，不过一个老理：核心技术、关键专利，从科研到产品，从研发到制造——受制于人、落后于人，就只能仰人鼻息、拾人牙慧。在引力波时代，中国青年的存在感，需要在科研创新的舞台，刷出中国的色彩来。

（二）关注中国"引力波"研究

《光明日报》刊登的《"捕捉"引力波的中国力量》称，早在 20 世纪 70 年代，中国科学家就开始了引力波研究。目前我国主要有两大引力波探测项目：中国科学院高能物理研究所主导的阿里实验计划和中山大学领衔的天琴计划，一个是在地面上聆听引力波的音符，一个是到太空去捕捉引力波的声响。

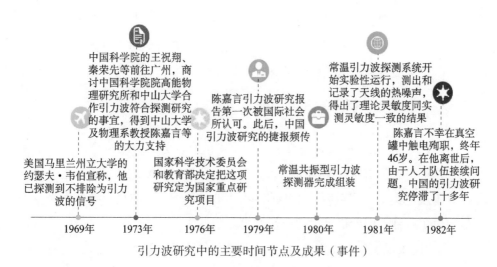

中国科学院的王祝翔、秦荣先等前往广州，商讨中国科学院院高能物理研究所和中山大学合作引力波符合探测研究的事宜，得到中山大学及物理系教授陈嘉言等的大力支持

陈嘉言引力波研究报告第一次被国际社会所认可。此后，中国引力波研究的捷报频传

常温引力波探测系统开始实验性运行，测出和记录了天线的热噪声，得出了理论灵敏度同实测灵敏度一致的结果

美国马里兰州立大学的约瑟夫·韦伯宣称，他已探测到不排除为引力波的信号

国家科学技术委员会和教育部决定把这项研究定为国家重点研究项目

常温共振型引力波探测器完成组装

陈嘉言不幸在真空罐中触电殉职，终年46岁。在他离世后，由于人才队伍接续问题，中国的引力波研究停滞了十多年

1969年　1973年　1976年　1979年　1980年　1981年　1982年

引力波研究中的主要时间节点及成果（事件）

《人民日报》刊登文章《引力波研究"天琴计划"启动》称，2月14日从中山大学获悉，该校正牵头国内引力波研究，计划用20年时间，完成总投资约为150亿元的天琴计划。目前，中山大学珠海校区正在建设引力波研究所需的地面基础设施，已经启动山洞超静实验室和激光测距地面台站基础设施建设。

《南方都市报》刊发文章《中大教授发文揭开天琴计划神秘面纱：珠海市政府将投入约3亿启动基建》称，2016年2月11日，LIGO科学合作组织宣布探测到来自GW150914双黑洞合并事件的引力波，举世瞩目。实际上，中国的引力波探测工程天琴计划已于去年开始启动。15日，中山大学校长、教授、中国科学院院士罗俊接受《南方都市报》记者专访，首度向外界披露了天琴计划的核心要点，揭开了天琴计划神秘的面纱。

（三）关注"引力波"团队中的中国身影

《信息时报》刊登《引力波探测团队有个广州仔》指出，2016年2月11日，美国的LIGO首次直接探测到了引力波。在整个项目中，广州市天河中学2012届毕业生、现就读于美国卡尔顿学院四年级的罗家伦作为发现引力波团队的重要成员之一，参加了2月11日的新闻发布会。

新华网刊登文章《专访：成功探测引力波背后的"中国力量"》称，近一个世纪的求索后，人类终于聆听到宇宙深处的声音。美国激光干涉引力波天文台成功探测到引力波，背后有十多个国家、千余名研究人员的艰辛付出。其中，中国清华大学的科研团队以高精度的数据分析能力帮助"净化"了引力波探测中的干扰信号，加速了迈向星辰大海的征程。

（四）"引力波"的发现为探索宇宙开创新时代

《科技日报》发表的《人类有了看待宇宙的全新方式》的文章中援引了霍金的评论称，人类首次探测到了引力波——由两个黑洞撞在一起而产生的时空涟漪，不仅证实了爱因斯坦近百年前对引力波的预测，还有更重要的意义。引力波提供了一种人们看待宇宙的全新方式。

《南方周末报》刊登文章《LIGO 为什么能够成功？除了引力波，还有其他被忽视的发现》称，引力波探测将人类探索宇宙发现真理的历程带入一个崭新的时代，而 LIGO 此次对合并双黑洞引力辐射的成功探测，只是这个新时代的开始。接下来，我们有理由相信，对原初引力波的探测将为人类理解宇宙的起源开辟新的途径。

（五）解析引力波与其作用

新华社用一篇题为"物理学划时代成就！具有里程碑意义的引力波！"的文章，解析了何为引力波，引力波有何现实意义。

六、外媒观点

国外主流媒体认为，发现引力波科学意义巨大。

英国《每日邮报》刊文指出，2016 年 2 月 11 日，科学家们在一次历史性的观测中终于发现了"引力波"涟漪，这被誉为"21 世纪最大的科学突破"。

侨报网刊登的《"引力波"指明科研领域新方向》中援引华裔教授陈雁北的观点指出，引力波研究和实验需要大量的科学技术与研究方法作为支撑，因此也为很多技术及应用学科带来了明确的研究方向和高度。

俄罗斯卫星网刊文《"引力波"的发现开启科技新时代》评论称，科学界的这一发现正开始创立一个新的学科——引力波天文学。

　　澳洲中文报业刊登文章指出，引力波是爱因斯坦广义相对论实验验证中最后一块缺失的"拼图"，它的发现是物理学界里程碑式的重大成果，或引发天文学革命。

七、网友关注

　　抽样各大新闻媒体下的 4000 条网民评论进行分析，观点分布如下（部分言论包含多个观点，百分比总数大于 100%）。

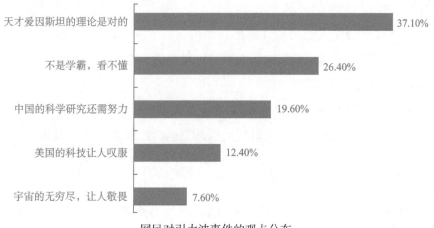

网民对引力波事件的观点分布

　　此外，网民还关注引力波对健康的影响，分成了两派，即引力波养生派和引力波防治派。

　　引力波养生派认为，引力波是一种场，和磁场类似，可以用来养生；引力波防治派认为，引力波是辐射，只要是辐射都是有害的，已经严重威胁了人们的健康和日常生活。凤凰新闻刊登的文章《"引力波"的"危害"，请转给你关心的朋友》吹响了防治派抵制引力波的战斗号角。甚至有网友传言，网上出现了一些防治引力波的商品。

八、专家观点

（一）引力波的发现是科学史上的重要一刻

英国剑桥大学著名物理学家霍金在接受英国广播公司专访时表示，引力波提供看待宇宙的崭新方式，发现它们的能力，有可能使天文学发生革命性的变化。这项发现是首度发现黑洞的二元系统，是首度观察到黑洞融合。除了检验爱因斯坦的广义相对论外，我们可以期待透过宇宙史看到黑洞。我们甚至可以看到宇宙大爆炸时期初期宇宙的遗迹，看到其一些最大的能量，这是科学史上重要的一刻。

LIGO 科学合作组织的研究成员、加州理工学院物理学教授陈雁北点评："这为人类打开了一扇探索宇宙的新窗口。更令人兴奋的是，一些未知源的引力波爆也可能被探测到。"

LIGO 项目组发言人、路易斯安那州立大学物理学家加布里埃拉·冈萨雷斯表示，"这一发现是一个新时代的开端，引力波天文学现在成为现实。我们能够'听见'引力波，我们能够'听见'宇宙，这是引力波最美妙的事件之一。"

美国亚利桑那州立大学物理学家劳伦斯·克劳斯表示，发现引力波是一个"重大里程碑"，它开启了观测宇宙的一个新窗口，就像望远镜的发明或太空无线电波的发现一样。引力波天文学将成为 21 世纪的天文学。

参与 LIGO 项目的美国宾夕法尼亚州立大学科学家查德·汉娜说，我们无法预测引力波天文学将如何改变对宇宙的基本认知，就像伽利略用他的小望远镜预测不了哈勃太空望远镜展现给我们的宇宙那样，"我们可以预期的是，100 年后我们的后辈所知道的将与我们所知道的有天壤之别。"

（二）只有对引力波的基础研究，才谈得上应用

中国科学院高能物理研究所研究员曹俊在接受《环球时报》记者采访时称，基础研究关乎我们对世界的理解，只有发现世界运行的规律，才能慢慢转化成应用研究。基础研究的成果可能需要 50 年到 100 年才能应用到老百姓的

生活中，但如果不去研究，科学是无法进步的。

中国科学院国家天文台研究员苟利军举例称，广义相对论刚提出来的时候，谁也不知道它有什么用，但现在日常生活中，它的运用非常广泛，最直接的例子就是导航。根据广义相对论，地面和卫星所处高度的时间流逝是不一样的，如果没有把这个误差计入，那么我们就会被导航到离目的地很远的另一个地方。再比如，互联网是为了解决欧洲大型粒子对撞机分享数据时的传输问题，才被科学家发明出来的。

（三）引力波的发现将推动新兴科技产业的发展

著名财经评论家吴国平在新浪财经发文称，引力波的发现必将引爆一波引力波衍生出来的科技炒作行情，说大点，这会推动整个新兴科技产业的发展，成为推动这个板块的极大推动力，最终引领市场向上。这事情就好像一只蝴蝶，而且是相当不简单的蝴蝶，最终很容易就形成大的海啸。

德国马普引力物理研究所、清华大学博士后、LIGO 科学合作组织成员胡一鸣表示，引力波的意义，不仅是验证广义相对论，更对天文探测起着无比重要的作用。比如说，在正式运行之前，几乎没有人会相信第一个探测到的引力波信号会是双黑洞并合，而且是质量如此之大的黑洞双星。通过这一次观测，科学家知道了数十倍太阳质量的黑洞是可以存在的。这一切，都无法通过传统的电磁波天文学得到。

（四）中国应抓紧对引力波的研究

阿里实验计划负责人、中国科学院高能物理研究所研究员张新民认为，中国作为一个大国，引力波这个领域不能是空白。我们必须抓紧，创新而不是跟踪，做出我们应有的贡献。

作为中国大陆地区唯一的 LIGO 科学合作组织（LSC）成员，清华大学的研究团队科学家表示，虽然国际上引力波科学研究和观测工作开展得如火如荼，但中国在这方面的基础还相对薄弱，目前尚没有自主建设的引力波天文台。随着国际上引力波直接观测的成功和引力波天文学时代的开启，中国亟须自主建设引力波天文台。

参与此次引力波研究的美国激光干涉引力波天文台的数据分析专家、加州理工学院物理系教授艾伦·魏因施泰对新华社记者说，他对中国中山大学牵头、利用人造卫星探测空间引力波的天琴计划充满期待。他说："探测到引力波只是刚刚开始，并非结束，我们非常需要中国科学家的努力。"

（五）国际合作对推动科研发展的重要性

引力波论文作者之一、激光干涉引力波天文台科学合作组织核心成员、加州理工学院的陈雁北教授在接受《科技日报》时采访称，国际合作太重要了！因为大项目需要做的事情特别多，相互合作、取长补短才能推动科研的进展，碰撞的火花才会层出不穷。

九、"科普中国"报道分析

"科普中国实时探针"采集的数据显示，2016年2月11～16日，包含"科普中国 引力波"的信息共205条。以下仅选取比较热门的文章进行分析。

（一）内容摘要

"科普中国"对引力波事件的分析使得大众对引力波有了更深的了解，"科普中国"用尽可能简单易懂的观点为大家解释了以下内容。

1.引力波被探测到的过程

"科技前沿大师谈"栏目发表文章《清华大学团队对"捕获"引力波做出贡献》称，在爱因斯坦预言引力波百年后，这是人类首次直接探测到引力波。根据爱因斯坦计算，引力波强度微弱，探测困难，但研究人员从未停止寻找。此次探测，研究人员分别在美国两州之间设置两个间隔数千米的探测器，呈L形排列。加上两个天文台使用完全相同的设备，研究人员认为两者数据可以彼此验证，排除偶然因素。L形排列的测量臂长度为4千米，并垂直排列，两端各有反射镜面。研究人员表示，激光可在测量发射臂上来回反射，如果干涉条纹发生变化，可直接探测引力波存在。2015年9月14日抵达地球的引力波信号，就是被刚改造升级的LIGO的两个探测器，以7毫秒的时间差先后捕捉到。

2. 引力波产生于两个恒星量级黑洞的合并

"科技点亮生活"栏目发表文章《物理界的里程碑——人类首次直接探测到引力波！》称，两个巨大的黑洞在经历了漫长的绕转以后，通过引力波辐射能量，越转越近。最后，它们猛地撞到了一起。这两个黑洞消亡了。一个更巨大的新黑洞诞生了，伴随着时空中被搅动的滔天巨浪，那是它这一生也许是唯一的啼哭。这个新生儿的第一声哭喊，以光的速度飞速向外传播……

3. 什么是引力波

"科学原理一点通"栏目发布的《最近很火的引力波是什么？》说明，物理学上，引力波是爱因斯坦广义相对论所预言的一种以光速传播的时空波动，如同将石头丢进水里产生的波纹一样，引力波被视为宇宙中的"时空涟漪"。通常引力波的产生非常困难，地球围绕太阳以每秒 30 千米的速度前进，发出的引力波功率仅为 200 瓦，还不如家用电饭煲功率大。宇宙中大质量天体的加速、碰撞和合并等事件才可以形成强大的引力波，但能产生这种较强引力波的波源距离地球都十分遥远，传播到地球时变得非常微弱。

4. 引力波有何现实意义

"科普湖南"栏目发表的《上班第一天，让我们来看看轰动世界、刷爆朋友圈的引力波究竟是啥》说明了引力波的现实意义：它证明了爱因斯坦广义相对论中一个关键的预言，即引力波的存在，而爱因斯坦的理论改变了人类对于时间和空间等关键概念的认知；可探测到的引力波为天文学打开了新世界的大门——科学家可以依据遥远恒星、星系、黑洞产生的引力波来测量它们的数据；它间接证明了黑洞的存在——人类从未直接观测到过黑洞；它也许能揭开宇宙起源的秘密。

（二）传播效果

"科普中国"出品的文章舆论反响良好，起到了传播引力波知识、弘扬科学精神的作用。

由"科普中国"出品、"黑洞来客"团队制作的《引力波被发现 谁将撼动时空？》被网易网转载，评论量达 4953 条。广东省湛江市手机网民"ip：

14.210.*.*"评论称：就该这样子，出多点有营养价值的新闻教学知识！给小编 100 分。

新华网"科普中国-科技前沿大师谈"发布新华社文章《研究者讲述引力波探测背后的故事：爱因斯坦会吓一跳》，网易网、搜狐网、凤凰网等转载 148 次。网民"rjugjrbgg90360"称：真的佩服爱因斯坦，在他生活的世界里，没有电脑，没有手机，没有高科技的探测仪器，却一个人看到了整个宇宙。

网易科技转载由"科普中国"出品、"知识分子"公众号制作的《火线评论：引力波探测引爆了科学家朋友圈》，收获评论 1716 条，引发网民讨论科学与哲学的关系。网民"tokds42"称：所有科学的尽头是哲学。网民"末世百姓"称：科学的尽头是消灭哲学和神学。当然，科学最多也就极限靠近尽头，自然的，哲学和神学也极限靠近消亡。

腾讯新闻 APP 转载由"科普中国"移动端科普融合创作项目出品的《引力波：两个黑洞的"火拼"》，收获评论 1831 条，网民肯定了科学发现的意义。例如，网民"Kaldalis"称：几百年前人们也对电磁波的发现表示"这有什么用啊！"今天电磁波的应用极大地改变了人们的生活，引力波在未来也是人类改变历史、窥探终极奥秘的利器。

（三）总结

"天地玄黄，宇宙洪荒。"人类在探索科学的路上，总是荆棘不断，惊喜不断。这是一个将被历史铭记的时刻，这是一个伟大的时代，这是一段全新的征程。宇宙中的"时空涟漪"，光速传播的时空波动……它在刷爆科学家们的朋友圈的同时，亦让普通人对未知世界充满遐思与感慨。

第五节 科普舆情数据分析报告

科普舆情数据分析报告对 38 份数据周报进行了随机抽样，共获得 8 份样本，通过分析这 8 期周报的数据（表 3-1），总结出一定的数据规律。

表 3-1　经过随机抽样的 8 份数据周报样本

样本 1	样本 2	样本 3	样本 4
2016-03-28 ～ 2016-04-03	2016-06-09 ～ 2016-06-15	2016-07-14 ～ 2016-07-20	2016-08-04 ～ 2016-08-10
样本 5	样本 6	样本 7	样本 8
2016-09-01 ～ 2016-09-07	2016-10-13 ～ 2016-10-19	2016-11-10 ～ 2016-11-16	2016-12-08 ～ 2016-12-14

正式分析前，将研究中会涉及的词汇——"热度"释义如下：舆情分析中所提及的"热度"和通俗意义上表达温度的"热度"含义不同，舆情分析中的"热度"通常指新闻或其他信息的热门程度，这种热门程度通常体现为文章发布量、用户阅读量或网民评论回复数等，一般通过数字或分析百分比等指标来体现。从一定程度上来说，通过热度指标可以看出研究对象（这里指科普相关信息）被用户关注或热议的程度。

研究主要从以下几个维度来进行：①不同载体舆情热度对比；②科普专题舆情热度对比；③科普微信账号排行榜情况。

一、载体舆情热度：网络新闻、微信、APP 新闻位列前三

这里的载体指媒介形态（下同），具体指网页新闻、博客、论坛、APP 新闻、微信、纸媒、微博、问答、视频 9 类数据源。舆情热度指不同媒介平台抓取的信息量，信息量越大，说明该媒介形态作为科普平台的功能性越强，网友也越关注。

研究对 8 份样本中不同载体的信息量进行统计，以不同形态载体在 9 类载体中的信息量占比情况作为对比参数，对不同载体信息量情况进行统计分析，从而了解科普舆情信息的主要阵地。

从表 3-2 中可以看出，不同类别平台信息获取量在总量占比中呈现比较平稳的态势。综合来看，网页新闻、微信、APP 新闻这三个平台分别排名前三位；问答和视频平台因数量偏少，在百分比中尚无法呈现出来，列最后两位。

表 3-2　不同载体舆情热度对比：信息量占比　　　　（单位：%）

样本 载体	1	2	3	4	5	6	7	8
网页新闻	41	53	36	31	32	35	37	35
博客	10	4	6	10	7	7	7	8
论坛	13	5	8	7	7	7	8	8
APP新闻	10	14	11	4	10	9	8	10
微信	9	14	26	29	30	30	24	24
纸媒	3	3	2	1	2	2	2	2
微博	14	6	11	11	12	10	13	11
问答	—	0	0	0	0	0	0	0
视频	—	0	0	0	0	0	0	0

二、科普专题舆情热度：应急避险、生态环境、前沿科技位列前三

为了更有针对性地对科普领域信息进行监测，网络科普舆情研究对科普领域信息进行了专题划分，具体分为应急避险、食品安全、生态环境、前沿科技、健康医疗、能源利用、事故、信息通信技术、航空航天、伪科学等多项类别。每类专题中包括众多关键词，关键词采用迭代更新机制，根据热点、焦点科普内容，定期进行新词增加和补充。舆情监测系统通过专题名称及关键词可以实现对科普信息的即时抓取，抓取的信息会自动归类在各自的专题中形成信息总量。

在众多科普专题中，会有一些专题的信息量相对来说比较大，另外一些专题的信息量则相对比较少。通过科普专题舆情热度进行对比，可以更多地了解信息量较多的专题领域，通常这些领域和公众相关度更大，可为科普工作提供借鉴视角。

研究分别把 8 份样本中排名前三位的科普专题进行提取排列，形成表 3-3，可以看到排名具有一定的规律性，也可以看出信息量较大的科普专题有哪些。

表 3-3 科普专题舆情热度对比（排名前三位）

排名 \ 样本	1	2	3	4	5	6	7	8
1	—	应急避险	应急避险	应急避险	应急避险	应急避险	应急避险	应急避险
2	—	生态环境	生态环境	生态环境	生态环境	生态环境	生态环境	生态环境
3	—	前沿科技	前沿科技	前沿科技	前沿科技	航空航天	前沿科技	前沿科技

因为是随机抽样，第 1 份数据周报样本时间在 2016 年 5 月之前，其中没有"科普专题排名"这一板块内容，该研究结论主要是由其余 7 份数据周报样本得出的。由样本排名前三位的科普专题排名可以看到，应急避险专题始终位列第一位，生态环境专题始终排名在第二位，前沿科技专题以绝对优势排名第三位，航空航天专题也偶有排名靠前的情况出现。综合来看，排名前三位的专题主要是和公众生活密切相关的领域。

三、科普微信账号排行："科普中国"稳居前十

与 2015 年相比，2016 年的数据周报增加了科普类媒介平台的排名情况。2016 年 5 月后调整的数据周报内容增加了"科普中国"框架下不同媒介平台、不同栏目的发文数和阅读数情况的统计。以 8 月 18 日为界，前后的内容板块略有微调：8 月 18 日前，数据周报内容的第三个板块是"科普传播榜"，其中包括"科普中国传播榜""科普微信传播榜""科普微博传播榜"；8 月 18 日之后，数据周报内容的第三个板块调整为"科普微信账号传播榜"，在数据平台监测的近 10 万个微信公众账号中，中国科学技术协会官方微信公众号——"科普中国"微信账号以优异的内容传播成绩稳列科普微信账号榜单前十名。

第四章

移动互联网网民科普获取与传播行为报告

　　移动互联网时代，网民获取科普内容的行为表现出移动化、社交化、视频化等新特征；网民分享和传播科普内容的行为受到新闻性、情感性、实用性等多重因素影响。本报告从大量移动互联网网民的科普内容获取与传播行为数据出发，侧重于描绘移动端上的科普用户的群体特征，并揭示其获取及传播科普内容的一般规律。

第一节 移动互联网网民科普获取 与传播行为报告概述

本报告的研究重点是网民通过移动终端来获取和传播科普内容的主要特征。按照不同的主题，报告将相关科普内容细分为健康与医疗、信息科技、应急避险、航空航天、气候与环境、能源利用、前沿技术、食品安全、自然地理等 9 类，包含图文和视频两种形式。相应地，网民的科普内容获取行为主要包括阅读图文和浏览视频两类，传播行为主要包括分享内容和发表评论两类。

一、研究目标

本报告的总体研究目标是发现和揭示移动互联网网民的科普获取与传播行为的特征和规律。根据可采集数据维度及具体采集步骤，将此总体目标延伸为四个方面的数据分析目标。

（1）移动端科普用户画像：使用科普内容的网民的群体特征，包括年龄、性别、学历、地域等特征。

（2）移动端科普内容关注度分析：网民对哪些科普内容最为关注，关注各类内容的人群有哪些特点。

（3）移动端科普内容获取行为分析：网民通过哪些方式获得所需的科普内容，获取方式对内容的影响如何。

（4）移动端科普内容传播行为分析：网民通过哪些方式转发和分享科普内容，传播方式对内容的影响如何。

二、技术路线

为了确保数据的有效性和结果的准确性，本报告通过一定的规程来完成科普用户行为数据的采集、整理和分析,主要包含以下关键步骤。

(1)建立科普关键词库。首先根据近年特别是 2016 年全年的科普热点,研究提出 9 个科普主题,梳理出科普种子词。通过数据分析对种子词进行衍生,产生衍生词库,由各领域专家对衍生词进行归并,按照一定的科学原则进行取舍和筛选,建立科普关键词库。

(2)界定科普用户群体。按照一定标准和规则,筛选出浏览、传播过包含科普相关关键词内容的移动互联网网民,以此来界定移动端科普用户及科普用户群体的基本范围。

(3)用户行为数据分析。基于确定的科普词库和科普用户的行为数据,揭示移动互联网网民在科普获取和传播行为方面的特征和规律。

三、相关说明

1. 数据来源

数据来自腾讯移动端产品,包括腾讯视频 APP、腾讯新闻 APP、企鹅媒体平台,通过腾讯移动端产品平台进行随机抽样。

2. 数据采集窗口

2016 年 1 月 1 日~ 12 月 28 日。

3. 实际采集内容量

75 492 067 篇文本,329 484 个视频。

4. 实际分析样本量

28 816 157 个独立 QQ ID。

5. 科普内容

分为健康与医疗、气候与环境、能源利用、信息科技、航空航天、前沿科技、应急避险、自然地理、食品安全 9 个科普属类,表达方式包括科普图文、科普视频两种形态。

6. TGI 指数

目标群体指数,用以反映目标群体中具备某一特征的人数比例与总群体中具有相同特征的人数比例的相对百分比(TGI%)。TGI 超过 100,表示目标群体的特征相比总体更加明显。例如，某小区居民中使用移动支付的比例是36%，而小区男性居民使用移动支付的比例是42%，则男性移动支付的 TGI 约为 117，表明男性居民使用移动支付的特征更为显著。

7. 其他

在报告中，科普用户指以腾讯移动互联网为媒介，接触过对应科普内容的用户；大盘用户指移动端全体用户，在这里特指腾讯平台的整体移动端用户。科普获取行为指对科普内容的浏览和阅读行为，传播行为指对科普内容的分享和评论等行为。

第二节　移动端科普用户的群体特征画像

基于科普关键词匹配规则，报告分析了移动端科普用户的群体基本特征。相对于大盘用户，科普用户群体在性别、年龄、学历、地域构成上呈现更强的不均衡性，"男性""年轻""高学历"是移动端科普用户的典型标签。

一、移动端科普用户中男性构成比例更高

从移动端科普用户的性别划分上，男性是主力受众，占 67.3% 的用户比例。在大盘用户中，男性用户的占比是 58.1%。科普用户的男性占比高出大盘用户的男性占比 9 个百分点（图 4-1）。

二、移动端科普用户中超五成来自 23 ～ 40 岁群体

在移动端科普用户中，超过 57% 的用户来自 23 ～ 40 岁群体，22 岁及以下群体的占比为 35.0%。相对于大盘用户的各年龄层占比，科普用户中 23 ～ 40 岁群体占比更高。在 22 岁以下的青少年群体中，年龄层越高的群体占比越高，以 19 ～ 22 岁的科普用户最为集中，占比达到 16%，略高于该年龄层在大盘用户中的占比。值得注意的是，18 岁及以下青少年在科普用户中的占比明显低于

大盘用户，说明互联网科普还需要增强对青少年群体的吸引力（图4-2）。

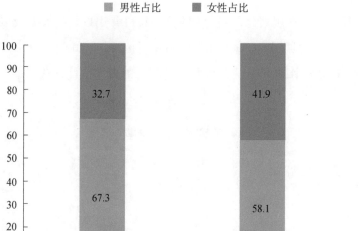

图 4-1　移动端科普用户的性别构成

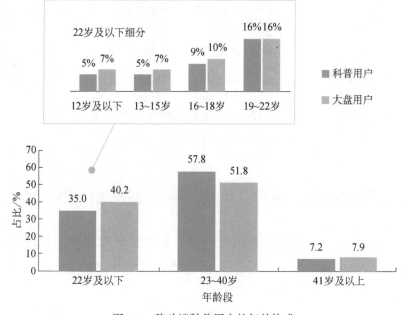

图 4-2　移动端科普用户的年龄构成

三、移动端科普用户具备良好的教育背景

按照受教育程度划分，45.5% 的移动端科普用户具备大专及以上的教育背景，该群体在大盘用户中的占比为 35.3，两者相差 10 个百分点，科普用户中的高学历群体占比更高。结合科普用户的年龄占比估计，在这部分高学历群体中，有接近 30% 的用户是接受过高等教育的职业群体（图 4-3）。

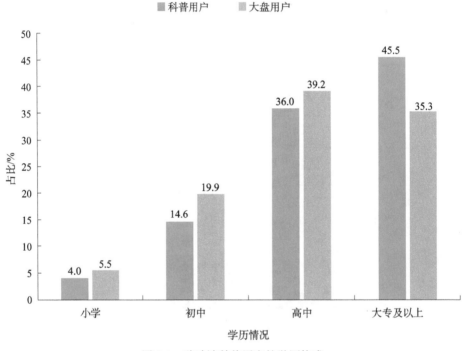

图 4-3　移动端科普用户的学历构成

四、移动端科普用户在华东、华南地区比较集中

按照区域划分，超过五成的移动端科普用户集中在华东及华南地区。相比大盘用户的地域结构，华北、西北和东北地区的科普用户占比略低（图 4-4）。

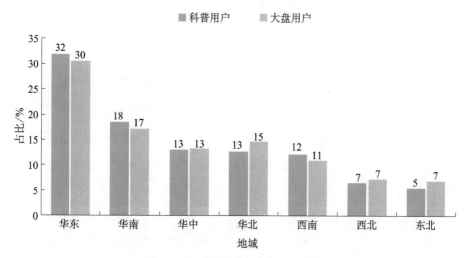

图 4-4　移动端科普用户的区域分布

五、广东及江浙地区的科普用户分布最为集中

　　具体到科普用户的省域分布，南方人口大省是科普用户的主要集中地，其中广东省、江苏省、浙江省分别占据 14.9%、7.7%、6.1% 的用户份额。从全国范围来看，科普用户的分布情况整体上与大盘用户比较一致。广东、江苏、浙江、四川、上海等地的科普用户占比稍高于大盘用户占比（图 4-5）。

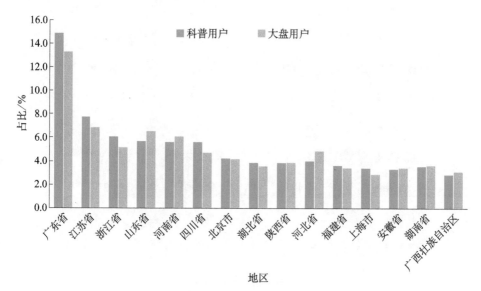

图 4-5　移动端科普用户的省域分布

第三节 移动端用户的科普内容偏好及群体差异

针对各个科普主题的图文和视频内容，报告对移动端用户的科普内容偏好及群体差异进行了分析。结果表明，不同的科普用户群体对科普内容有特定的偏好，性别和年龄是导致科普用户的内容审美差异的重要因素。

一、男性关注科技新知，女性关注健康与安全

对比整体，男性用户普遍更感兴趣的主题有：前沿科技、航空航天、能源利用，大部分是与社会发展紧密相关的主题；女性用户则更关注健康与医疗、食品安全等与自身更加相关的主题内容（图 4-6）。

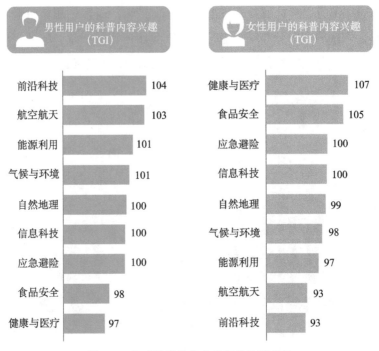

图 4-6　移动端科普内容偏好的性别差异

二、青少年群体偏好自然地理类科普主题

18 岁及以下科普用户对自然地理类主题表现出高度的选择性，说明处于基础教育阶段的青少年群体对自然地理类科普内容很感兴趣。此外，信息科技和前沿科技对 13 ～ 18 岁青少年也具有较强的吸引力。相对于 12 岁及以下和 15 ～ 18 岁两个年龄段，13 ～ 15 岁的青少年的科普获取行为更加活跃（图 4-7 ）。

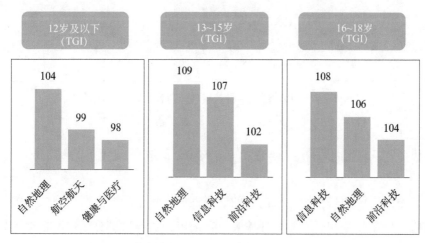

图 4-7　移动端青少年科普用户的内容偏好及差异

三、成年用户更关注生活类科普主题

成年用户对科普的认知更多源于生活，食品安全、人身安全和健康等生活触点均成为他们获取科普信息的重要入口。因此，食品安全、应急避险是成年用户偏好的科普内容。如果对成年用户年龄进一步细分，41 岁以上群体的这一特征比 23 ～ 40 岁年龄段的人群更为明显，表示其在科普内容获取上的选择性更明确。19 ～ 22 岁年龄段处于从青少年向成年人的过渡阶段，所偏好的内容也具有过渡期特点（图 4-8 ）。

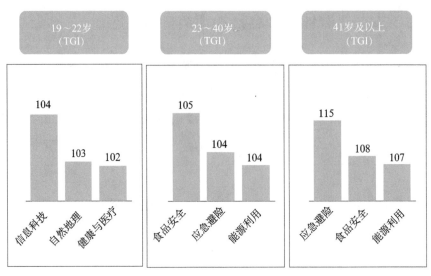

图 4-8　移动端成年科普用户的内容偏好及差异

四、华东地区用户更关心气候与生活的关联

在不同区域的科普用户对内容的选择性上，华东沿海区域用户主要关心应急避险、健康与医疗、气候与环境等科普内容，这与这部分用户所在地域易受天气状况影响有关（图 4-9）。

图 4-9　华东地区移动端科普用户的内容偏好

五、中南部地区用户更重视食品安全的问题

食品安全是华南、华中地区用户重点关注的科普内容（图4-10）。

图 4-10　华南和华中地区移动端科普用户的内容偏好

六、华北和东北地区用户聚焦能源利用事业

华北地区作为能源利用和开发的重点区域，科普用户对于能源类话题给予了较高的关注度。东北地区的科普用户则最关注气候与环境问题（图4-11）。

七、西部地区用户对新科技领域关注度较高

西部地区用户对于科技前沿领域的发展抱有极高热情，信息科技、前沿科技、能源利用都是西部地区用户关注度较高的科普内容主题（图4-12）。

图 4-11　华北和东北地区移动端科普用户的内容偏好

图 4-12　西南和西北地区移动端科普用户的内容偏好

第四节 移动端用户的科普内容获取行为特征

根据互联网科普内容的常见形态，报告将移动端用户的科普内容获取行为分为图文阅读和视频浏览两类，同时结合用户对不同科普主题的行为偏好，以此分析不同用户群体的科普内容获取特征。

一、信息科技、健康与医疗、气候与环境最受移动端用户关注

2016 年全年，从移动端用户对科普内容的关注度分布来看，信息科技、健康与医疗、气候与环境成为移动端网民最关注的科普主题，用户关注份额分别为关注总份额超过总体的三分之二强（图 4-13）。

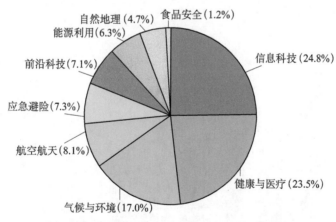

图 4-13　移动端用户的科普主题关注度占比情况

二、热点科学事件是科普传播的重要抓手

报告针对 2016 年"科普中国"评选的十大科学传播事件（表 4-1），对比

分析了相关事件的传播情况。数据显示，2016 年十大科学传播事件的科普内容在移动端的总阅读量达 4.75 亿，充分说明围绕科学热点开展新闻导入和传播是科普工作的重中之重（图 4-14）。抓住热点进行科普，相比常规性日常科普，往往能起到事半功倍的效果。

表 4-1　2016 年十大科学传播事件

序号	事件
1	超强厄尔尼诺现象发生，气象部门多渠道发声
2	"阿尔法狗"横扫李世石，人工智能话题迅速升温
3	天宫二号发射成功，太空科普激发青少年科学梦
4	长征五号成功发射，运载火箭实现升级换代
5	人类两次探测到引力波，爱因斯坦预言被证实
6	中国 FAST 睁开"天眼"，接收来自宇宙深处电波
7	超百位诺奖得主联署公开信，呼吁停止反转基因
8	世界首个量子卫星发射，首席专家带头解读民用前途
9	"科技三会"召开，科学普及与科技创新"两翼齐飞"
10	公民具备科学素质比例超过 10% 纳入国家"十三五"发展规划

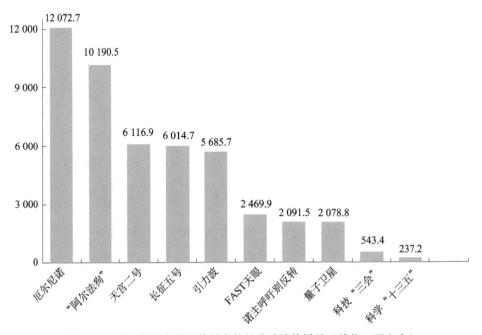

图 4-14　2016 年重大科学传播事件的移动端传播量（单位：万人次）

近年来，航天科学的发展带动了相关的科学传播热潮。在十大科学传播事件中，除厄尔尼诺事件属于气候与环境主题，"阿尔法狗"属于前沿科技主题外，天宫二号、长征五号、引力波、FAST 天眼、量子卫星均属于航空航天主题。

三、18 岁及以下群体更倾向于接受科普视频内容，19 岁及以上人群更青睐科普图文

在对媒介类型的选择上，18 岁及以下的青少年群体更倾向选择视频平台获取科普信息，而 19 岁及以上群体则更加青睐图文类科普内容，23 ～ 40 岁人群对科普图文表现出一定的选择倾向（图 4-15）。相对于大盘用户，19 岁及以下青少年占科普用户的比例偏低，应该考虑针对这种视频化的媒介取向，制作更多适合青少年观看的优质科普视频。

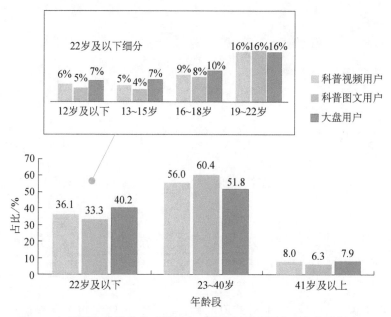

图 4-15　不同年龄段的移动端用户对科普视频和图文内容的选择占比

四、华东、华南地区的科普视频用户更多，西南、西北地区的科普图文用户更集中

华东、华南地区的科普视频用户相对更多；而在西南、西北地区，科普图文用户分布相对集中（图 4-16）。用户对图文和视频偏好的地域差异可能与经济发展程度存在一定关联。

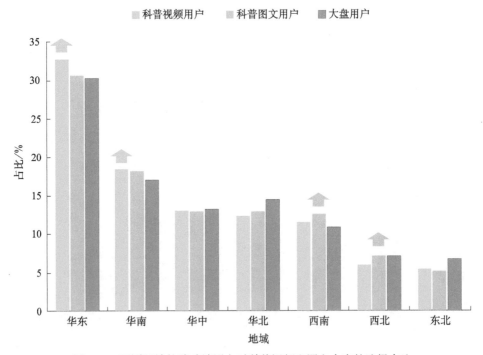

图 4-16　不同区域的移动端用户对科普视频和图文内容的选择占比

五、用户偏好的视频多集中于自然地理、航空航天主题，偏好的图文内容多集中于信息科技、健康医疗主题

用户更偏好通过视频平台获取的科普内容，主题多集中在自然地理、航空航天等；而通过图文资讯了解的信息，多集中在信息科技及健康医疗（图 4-17）。这说明科普用户对特定内容的媒介选择性，意味着差异化的内容传播方式会对用户产生不一样的影响。

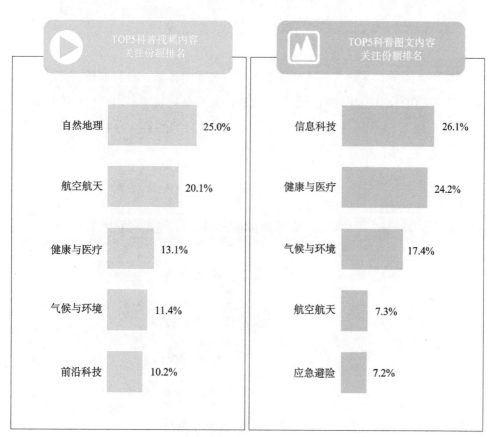

图 4-17 移动端用户关注的科普视频和图文内容的主题占比

第五节 移动端用户的科普内容传播行为特征

用户的科普内容传播行为是指由内容获取行为所引发的用户的二次回应，主要包括内容分享和用户评论两类。分析结果表明，移动端用户在各个科普主题上的内容传播行为表现出区别于其内容获取行为的不同特征，食品安全主题的内容获取行为最能够引发后续的传播行为，健康与医疗主题吸引了最多的用户评论。

一、用户对科普信息的分享意愿因主题而异

对比不同科普主题的关注与分享份额，气候与环境、自然地理、食品安全这三个主题的分享份额均明显超过了获取份额，是更易引发用户传播的科普内容（图4-18）。这说明生活化、实用、引发审美共鸣的科普内容更有机会通过社交网络进一步传播。

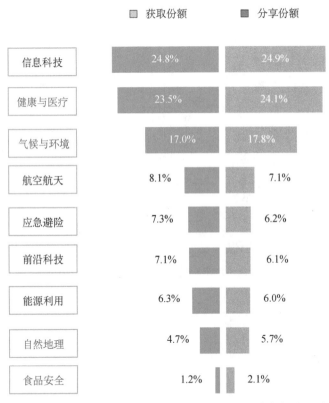

图4-18 移动端用户针对不同科普主题的获取与分享行为差异

二、微信已成科普二次传播扩散的主阵地

从科普内容的传播渠道上看，超过86%的内容分享通过微信完成，其中47.3%是分享给好友，39.3%是分享到微信朋友圈（图4-19）。朋友圈是目前最活跃的社交平台，容易引发裂变式二次传播，是传播扩散的有力平台。

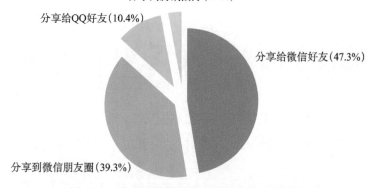

图 4-19 移动端科普用户的科普内容分享渠道

三、健康与医疗成年度最热议科普主题

2016 年全年，健康与医疗主题的科普内容吸引了最多的用户评论（占比达到 75.5%）。前沿科技主题的科普内容虽然分享率不高，但用户直接参与评论的比例很高，说明该类内容对特定的用户群体有很强的吸引力（图 4-20）。

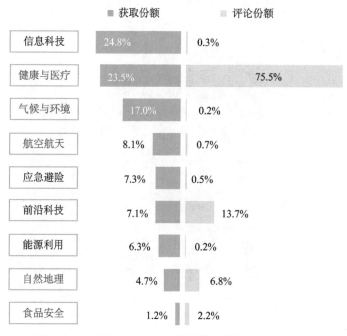

图 4-20 移动端用户针对不同科普主题的评论行为差异

第六节　数据分析结果对于科普工作的启示

结合相关科普数据和其他分析结果，报告从个性化科普、辟谣策略、自媒体运营和长尾传播四个方面对信息化时代的科普工作提出以下建议。

一、针对科普用户的群体和行为特征分析做好个性化科普

在移动互联网时代，精准化科普是发展的趋势，面向不同的人群开展有针对性的科普，是有效提升公民科学素养的重要手段。对于成年男性，可以主要推送前沿科技的相关内容；对于成年女性，可以主打健康医疗相关话题的内容；面向青少年，离不开自然地理科普主题的传播。而不同的主题内容也可以选择适用的表达方式。比如，航空航天的内容就最适宜用视频方式展现，应急避险类主题适宜用图文来表达（图 4-21）。

图 4-21　几类移动端用户群体的典型科普内容偏好

二、针对不同的科学谣言采用差异化辟谣策略

辟谣是精准化科普的重要组成部分，针对网络谣言进行相应的科普，是做好科普工作的一个重要抓手。

2016 年，腾讯企鹅媒体平台上网友举报的各类谣言中，科学常识类谣言占了将近一半，为 47%（图 4-22）。

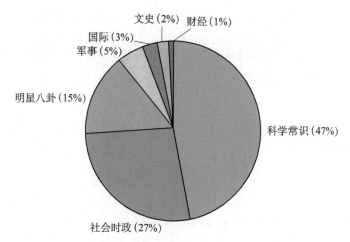

图 4-22　2016 年腾讯企鹅媒体平台谣言分类排行

针对不同类型的谣言采用差异化的科普辟谣策略，比如，对太空类谣言可分类型引导；对食品类谣言要先寻找发现，再主动辟谣。在科学常识类谣言中，太空类谣言数量最多、传播最广，占比 54.1%。而食品安全、健康养生类谣言，很多看着似是而非，判断谬误与否需要一定的专业性，故食品安全、健康养生类谣言，虽然传播量大，但遭网友举报的却很少，仅占 1.1%，需要专家判断发现，主动辟谣（图 4-23）。

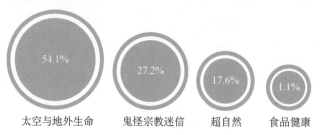

图 4-23　2016 年科学类谣言的常见类型及数量占比（腾讯企鹅媒体平台）

三、官方自媒体原创率高，但传播力需进一步提升

根据 2016 年全年的自媒体运营数据，民间自媒体在平均单篇阅读数和平均单篇点赞数方面遥遥领先，传播效果较好。而科协系统的官方自媒体（包括学会、科技馆、期刊）在各项指标中都没有突出表现，期刊略好于学会和科技馆（图 4-24）。

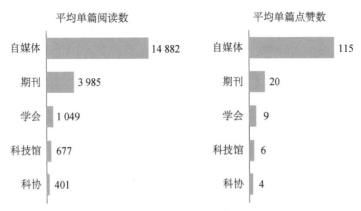

平均单篇阅读数

自媒体	14 882
期刊	3 985
学会	1 049
科技馆	677
科协	401

平均单篇点赞数

自媒体	115
期刊	20
学会	9
科技馆	6
科协	4

图 4-24　2016 年各类科普自媒体运营情况对比

四、培养自媒体生态做科普长尾传播

根据腾讯开放平台数据，微信平台上共有 542 个标签为"科学"的自媒体账号，他们是长尾科普传播的重要阵地。从自媒体账号内容来看，综合科普类账号最多，占比为 49%；其次是航空航天类账号，占比为 18%。相对而言，健康医疗、气候与环境、能源利用类账号较少，尤其是食品安全类数目最少（图 4-25）。因此，应建立激励机制，鼓励更多公众需求量大而供给量少的学科领域内专家参与到自媒体传播当中来。

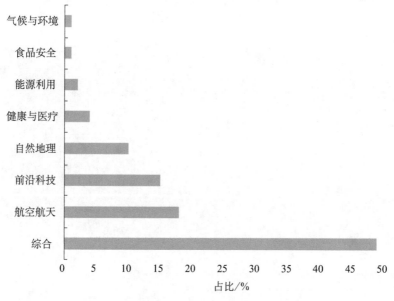

图 4-25 2016 年各类科普微信号的占比情况

附 录 1

科学常识种子词表

科学常识种子词表

类别	种子词
数学与信息	八进制、必要条件、变量、表面积、不等式、程序、抽样、大数据、代数、单项式、等比级数、递归、迭代、度量、多边形、多维空间、多项式、二进制、方程、非欧几何、费马大定理、分数、复数、概率、哥德巴赫猜想、公倍数、公约数、勾股定理、函数、互质、黄金分割、回归、级数、集合、角度、解析几何、矩阵、类比、立体几何、逻辑、蒙特卡洛算法、模糊数学、偶数、排列、抛物线、频数、平方、平行四边形、奇点、奇数、切线、穷举法、曲线、三角形、实数、数据库、数据挖掘、数列、数学归纳法、数学期望、数学推理、数字技术、素数、速算、算法、算术、随机、泰勒公式、体积、图论、椭圆、拓扑、维数、无理数、误差、线性规划、相反数、相关系数、协方差、虚数、循环节、循环小数、演绎推理、一笔画问题、映射、有理数、有限小数、圆、圆周率、约数、运算符号、正多面体、正方形、正态分布、正弦定理、直径、指令、质数、中位数、周长、组合、最大公约数
物质与能量	pH值、γ射线、安培、凹面镜、凹透镜、半导体、半衰期、饱和蒸汽压、比热、比热容、波阵面、参照物、超导、超导材料、超导体、超高压输电、超高真空、超声波、超声探伤、冲击波、初级线圈、磁场、磁化、磁流体发电、磁铁、磁性、磁性材料、磁悬浮、次级线圈、次声波、催化剂、大规模集成电路、大气压力、弹力、弹性、氮化物、氮气、氮氧化物、导电性、导体、等离子态、等离子体、低温超导、低温技术、地闪、电磁波、电磁辐射、电磁辐射、电磁感应、电磁铁、电磁透镜、电功率、电离、电流、电桥平衡电路、电容、电压、电子显微镜、电子振荡器、电阻、动能、短波波段、对流、多普勒效应、惰性气体、二氧化硅、二氧化碳、发电效率、发光效率、反粒子、反氢原子、反射望远镜、反质子、反作用力、放大镜、放大率、非晶态合金、非晶体、沸点、沸腾、分贝、分解反应、分子、伏特、浮力、辐射、辐射照射、复分解反应、复合材料、复合陶瓷、感光材料、感应电流、感应电路、杠杆原理、高能粒子、高频电流、高频短路、高温超导、高压电、各向异性、功率、功能材料、功能高分子、共振、固体、固有振动频率、惯性、惯性定律、惯性系、光的波动说、光的传播、光的反射、光的干涉、光的吸收、光的折射、光的直线传播、光电倍增管、光电材料、光电管、光电枪、光电效应、光电转换器、光记录材料、光量子、光谱、光速不变原理、光学显微镜、光子、硅材料、硅胶、航天金属、合成材料、合成纤维、合金、核反应、核聚变、核裂变、黑色金属、红外线、胡克定律、蝴蝶效应、华氏温度、化合价、化合物、化学式、缓冲作用、辉光放电、回音壁、活性炭、火力发电、火焰、机械波、机械能、机械能量守恒、机械效率、基本粒子、激光、激光冷却、集成电路、继电器、加速器、交变磁场、交流电、焦耳定律、角动量、角动量守恒、介质、金刚石、金属材料、金属活动性、金属氧化物、晶体、晶体材料、静电、聚四氟乙烯、聚乙烯、绝对零度、绝热膨胀、绝缘层、绝缘体、抗磁性、可见光、空气的流速、空气负离子、空气柱、夸克、矿物质、离子、力的合成和分解、磷酸盐、流速、卤化银、路程、氯气、氯乙烷、漫反射、毛细现象、煤油、镁粉、密度、摩擦力、摩擦起电、纳米材料、纳米技术、钠盐、氖气、内聚力、内能、内燃机、内应力、能量守恒定律、能量转化定律、镍合金、凝固、牛顿第二定律、牛顿第三定律、牛顿第一定律、欧几里得几何、欧姆定律、抛物面、膨胀系数、频率、气态、气体、汽化、氢氟酸、氢燃料、全反射、全息照相、热处理、热传导、热辐射、热核反应、热核聚变、热机、热力学第二定律、热力学第三定律、热力学第一定律、热力学温标、热量传递、热胀冷缩、溶剂、溶解度、溶液、溶质、熔点、熔化、三甲胺、三棱镜、三氧化二砷、三氧化铬、散射、散射作用、扫描隧道显微镜、色散、摄氏温度、渗透、升华、生铁、声呐、声速、声压、石墨、势能、受激辐射、受激状态、熟铁、衰变、水玻璃、水的三相点、水流速度、水压、水银、水蒸气、四氯乙烯、速度、速率、塑料合金、塑料老化、炭粉、炭黑、碳酸钙、碳酸镁、碳钟、体积、天然高分子化合物、调频、铁锈、同位素、铜

续表

类别	种子词
物质与能量	锌合金、透光镜、凸面镜、凸透镜、瓦特、完全导体、微波、微电子技术、微电子学、微粒说、温标、温度、稳定平衡、涡电流、涡流、物质、物质不灭定律、吸附作用、稀土元素、稀有金属、显微镜、显像管、显影、相对论、相对性原理、硝化甘油、硝石、斜面、旋涡、压电效应、压强、压阻效应、氩气、盐析、焰色反应、氧化铁、氧气、液晶、液态、液态氮、液体、乙醇、蚁酸、异戊二烯、引力场、荧光材料、应力、硬化、油脂、宇航服、元素的丰度、元素周期表、元素周期律、原子、原子核、原子能、原子排列结构、原子钟、远红外线、载波、增塑剂、长度、折射、折射、真空、振动、振幅、蒸发、蒸汽机、正电子、正离子、直流电、质量、质量守恒定律、质子、置换反应、中和作用、中子、重力、重量、重心、驻波、转动惯性、自发辐射、自由电子、自由基、阻力、阻燃元素、做功、地球引力、电能、反物质、科里奥利力、可燃冰、可再生能源、中微子
生命与健康	21-三体综合征、B 超、RNA、T 细胞、艾滋病病毒、氨基酸、氨基酸盐、白化病、白细胞、败血症、苯丙酮尿症、触电急救、痤疮、单克隆抗体、胆石症、蛋白酶、蛋白质、等位基因、电光性眼炎、动脉、冻疮、多动症、多糖、发烧、发育、返生现象、肥胖、肺泡、分子生物学、风疹、肝脏、干扰素、高血压、谷氨酸、骨骼、骨质疏松、固齿、关节、冠心病、过敏反应、红霉素、红眼病、肌红蛋白、肌纤维、基底细胞、基因突变、激素、急性结膜炎、脊柱弯曲、甲状腺、假性近视、交感神经、角膜、疖子、结缔组织、结石、芥子毒气、进化、静脉、咀嚼肌、巨噬细胞、菌群失调、抗原、克隆、赖氨酸、淋巴、淋病、落枕、麻疹、吗啡、麦粒肿、麦芽糖、盲肠、毛细血管、梅毒、煤气中毒、酶、免疫系统、脑垂体、脑功能、脑死亡、脑细胞、内分泌、胚胎移植、皮肤癌、皮试、皮脂腺、脾脏、葡萄糖酸内酯、腔肠动物、青霉素、去甲肾上腺素、韧带、软骨病、弱视、腮腺炎、散光、色盲、膳食纤维、神经官能症、神经末梢、神经衰弱、肾上腺素、渗透作用、生长素、食物金字塔、视网膜、受精卵、受体、水溶性维生素、糖度、甜度、条件反射、胃黏膜、胃酸、胃液、无机盐、细胞核、细胞膜、细胞器、细胞增生、细胞质、细支气管、纤维素、线粒体、消化系统、心理健康、心脏、新陈代谢、悬雍垂、血管、血浆、血细胞、血小板、血型、血压、血液循环、亚健康、腰肌劳损、叶绿素、胰岛素、遗传病、遗传学、乙醇醛化酶、异氰酸甲酯、隐性基因、应激反应、幽门螺杆菌、原核生物、原生生物、真菌、支气管、脂肪、脂质、直肠、职业病、植物人、转基因技术、椎间盘、DNA、癌症、白蛋白、白血病、扁桃体肿大、肠炎、磁共振、大肠杆菌、胆固醇、肺癌、肺炎、腹泻、肝癌、肝炎、感冒、干细胞、股骨头坏死、坏血病、基因工程、基因重组、脊髓小脑变性症、甲肝、焦虑症、卡介苗、抗菌素、抗生素、抗体、狂犬病、拉肚子、老年痴呆、流感、卢伽雷氏症、脑震荡、尿毒症、疟疾、疟原虫、帕金森、皮肤纤维瘤、破伤风、染色体、乳腺癌、乳腺炎、神经节、神经系统、神经细胞、神经元、试管婴儿、糖尿病、微量元素、维生素、无氧运动、细菌感染、血红蛋白、血清、亚硝酸盐、咽炎、医疗器械、乙肝、抑郁症、疫苗、有氧运动、致癌物质、中医、肿瘤
地球与环境	奥尔特云、白色污染、板块运动、北半球、北斗七星、北极星、北天极、本初子午线、本星系群、比拉彗星、比邻星、变星、变质作用、冰川、冰晶现象、冰晶效应、冰下湖泊、冰芯、不规则变星、不可再生能源、测绘系统、层状云、沉积层、沉积岩、城市垃圾、城市污水、赤道、垂直带谱、次生地质、大爆炸宇宙论、大陆漂移、大气保温、大气热量、大气湿度、大洋地壳、淡水数量、低气压带、地表、地层、地磁场、地核、地壳、地壳运动、地理科学、地幔、地貌、地面温度、地球、地球磁层、地球磁场、地球大气、地球公转、地球静止轨道、地球科学、地球面积、地球物理、地球演化、地球自转、地热、地下空间、地形调查、地震波、地质、地质公园、地质构造、地质矿产、地质调查、地质运动、第

类别	种子词
地球与环境	四纪冰期、电离层、电离圈、对流层、多金属结核、恶臭污染、二氧化硫、放射性废物、放射性物质、焚风、风化作用、风速、浮标定位、俯冲带、富营养化、干热风、高原、戈壁、工业废水、工业垃圾、公转轨道、古断裂带、光年、锅盖模型、国际日期变更线、哈雷彗星、海底石油、海陆风、海水温度、海洋矿物、海洋资源、寒带、河谷、河外星系、红巨星、红壤、红外星、洪水流量、候温、化石磁性、化石校正点、环绕速度、彗木相撞、彗星、活火山、火成岩、火山保护、火山环、火山灰、火星、积状云、极地、极圈、节约能源、节约用水、金星、近日点、经纬线、经线、可持续生态、空气密度、矿物、冷锋、冷高压、冷空气、流星、陆地形成、绿色生活方式、氯氟烃、脉冲星、锰结核、秒差距、冥外行星、南半球、南极气候、凝结放热、凝结核、农药污染、暖湿空气、欧亚大陆、盆地、平原、气象火箭、气象雷达、气象因子、气旋、气压变化、气压差、丘陵、球状星团、全球环境、热带辐合带、热容量、热污染、热效应、人工消雹、人工消雷、人工消雾、人造天体、溶解氧、软岩工程、砂岩、山崩、山地、山地地貌、深层裂隙水、深地、深海下潜、生态环境、生态平衡、生物多样性、生物降解、生物圈、生物入侵、生物学、石油污染、食变星、食双星、世界时、数字城市、水灾、水质型缺水、水资源、死火山、太阳辐射、太阳能发电、太阳温度、太阳系、太阳型恒星、天然水、填埋、铁矿、土地资源、土壤结皮、外大气层、危险垃圾、微生物污染、纬度、纬线、温差、温带、污染源、污染指数、污水截流、物种资源、酰化、咸水层、现代海水、小行星、斜射、新层位、新石器时代、星等、星际分子、星际物质、星图、星团、星系吞并、星云、雪线、循环再生、压溶腐蚀、岩层水、岩石风化、岩石圈、洋流、洋流发电、引潮力、应力腐蚀、淤泥质海岸、宇宙辐射、宇宙膨胀、宇宙射电、宇宙线、预报方程、原位探测、远日点、月球公转、月球引力、月球自转、陨星、早期地球、造父变星、造山运动、噪声污染、震源、直射、指南针、自净能力、自然灾害、自然资源、最低气温、最高气温、$PM_{2.5}$、钻探、中子星、月球、银河系、雪崩、星系、新能源、稀土、雾霾、温室效应、土卫六、土壤污染、太阳活动周期、太阳黑子、太阳风、台风、酸雨、水俣病、水体污染、生态系统、沙漠化、沙尘暴、三圈环流、人工增雨、人工降雨、人工降雪、热岛效应、全球变暖、球状闪电、气温、气候变化、泥石流、类星体、雷阵雨、蓝藻、拉尼娜、矿产、空气污染、可再生资源、季风环流、极光、火山喷发、恒星、寒潮、海洋污染、海啸、海平面上升、光化学烟雾、镉污染、干旱、副热带高压、风暴潮、二次污染、厄尔尼诺、冻雨、地转偏向力、地中海气候、地震、地球变暖、大气污染、大气环流、臭氧层空洞、臭氧层、臭氧、赤潮、潮汐、超新星、不可再生资源、冰雹、白矮星
工程与技术	"阿波罗"登月计划、"阿波罗号"宇宙飞船、"阿特兰蒂斯号"航天飞机、CMOS器件、GPS、阿尔法磁谱仪、超导体、超轻型飞机、储氢合金、传感技术、传输速率、垂直起降飞机、磁道、磁盘扇区、单媒体通信、单人飞行器、单翼飞机、导弹、地质勘测、第二宇宙速度、第三代机器人、第三宇宙速度、第四宇宙速度、第一宇宙速度、电磁波干扰、电力线、电子振动器、动力源、短距起降飞机、多级火箭、多媒体通信、发射火箭、返回式卫星、防火墙、飞行控制系统、飞行模拟器、高频信号、光子火箭、国际空间站、哈勃太空望远镜、航空技术、航天技术、航天器、航天遥感、航天医学、核反应堆、黑匣子、红移、回声现象、火箭、火星探测、机车牵引力、机器人材料、极轨气象卫星、角反射器、军用机器人、抗震柱、空间探测器、空间资源、空天飞机、空中加油、控制爆破、捆绑式火箭、量化噪声、模拟通信、末端操作器、南水北调、爬壁机器人、频段、频率搬移、气象卫星、前掠翼飞机、人类基因组、人造卫星、三峡工程、射电望远镜、射电源、生物工程、生物火箭、生物技术、生物卫星、视觉系统、视频信号、数据通信、数据压缩、数字电视、数字通信、数字信号、双发飞机、双翼飞机、水下机器人、四发飞机、太空对接、太空发电、太空环境、太空机器人、太空实验、太空望远镜、太阳同步轨道、特种机器人、天文单位、天文卫星、

续表

类别	种子词
工程与技术	通信盲区、通信卫星、通讯卫星、同步轨道、图像识别、图像信号、网关、望远镜、微波技术、微型传感器、微型机器人、微型计算机、卫星、卫星地面站、卫星返回技术、卫星轨道、卫星通信、卫星遥感、卫星应用、无人航天器、无线电通信、无线电信号、悬索结构、遥感技术、遥控机器人、液压驱动、一箭多星、医学影像、铱卫星、移动通信、音频信号、隐形飞机、宇宙飞船、语音识别、远程医疗系统、月球车、月球基地、月球资源、载波通信、载人登月、载人航天器、张力结构、折射望远镜、侦察卫星、直升机、智能机器人、中继站、姿态控制、自动化、自激振荡、自旋稳定、自助式机器人、3D 打印、工业 4.0、光纤通信、海水淡化、航空母舰、航天员、交互设计、蛟龙号、聚合、可穿戴技术、空间站、雷达、纳米、破冰船、全息头盔、全息投影、人工智能、生物燃料、石墨烯、水下航母、碳纳米管、碳纤维、天文望远镜、网络安全、卫星发射、无人驾驶汽车、物联网、虚拟现实、液态金属、因特网、隐身衣、云计算、运载火箭、载人深潜、增强现实、智慧城市
自然与地理	白鳍豚、被子植物、本土物种、濒危动物、哺乳动物、藏羚羊、超微藻类、达尔文、大熊猫、单倍体、单细胞、动物化石、动物生态、洞穴生物、断肠草、多倍体、多细胞、古生物、果蝇、海洋生物、荒漠植物、脊椎动物、剑齿虎、进化论、考古学、恐龙、掠食动物、猫科动物、猛犸象、灭绝、牛蛙、爬行动物、栖息地、迁徙、人类学、人群起源、入侵、入侵动物、入侵机制、入侵生物、入侵物种、入侵植物、生物地理学、生物矿化、外来物种、物种交流、物种进化、物种灭绝、植物标本、植物修复、植物园、种群结构、侏罗纪、足迹化石、地衣、信息素、微生物

附 录 2

科普中国实时探针舆情周报

科普中国实时探针舆情周报
（2016.03.28～2016.04.03）

一、一周舆情概述

本周"科普中国实时探针"共收录科普相关信息 633 627 篇，同比上周有较大幅度下降。新闻、微博、论坛为主要三大传播平台。舆情走势总体平稳向下。

山东疫苗事件进一步蔓延，话题逐渐扩散分化，世界卫生组织的新回应、国务院成立督察组、疾控中心人员涉案、市民去香港打疫苗、"洋疫苗"流入、律师介入等将事件推向复杂化的新阶段。一波未平一波再起，上海破获了一起 1.7 万余罐某品牌假奶粉事件更是加深了网民对生活环境和健康的担忧。与此同时，英国广播公司报道称中国成为世界上肥胖人口最多的国家，对此，多数网民较为理性，认为不能以基数来比较，以肥胖率来比较的话美国肯定第一。在航空航天方面，蓝色起源公司第三次成功回收了火箭，媒体和网民纷纷与其竞争对手 SpaceX 进行对比，同时也期待我国在相关领域能有更好的发展。

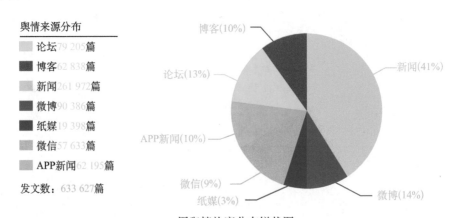

舆情来源分布
- 论坛79 205篇
- 博客62 838篇
- 新闻261 972篇
- 微博90 386篇
- 纸媒19 398篇
- 微信57 633篇
- APP新闻62 195篇

发文数：633 627篇

博客(10%)
论坛(13%)
新闻(41%)
APP新闻(10%)
微信(9%)
纸媒(3%)
微博(14%)

一周舆情热度分布饼状图
（监测时段：2016 年 3 月 28 日～ 2016 年 4 月 3 日）

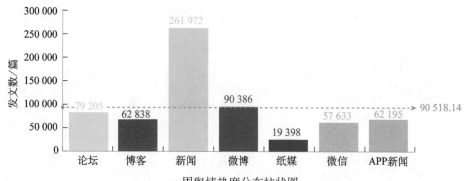

一周舆情热度分布柱状图
（监测时段：2016 年 3 月 28 日～2016 年 4 月 3 日）

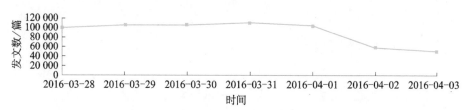

一周舆情热度走势图
（监测时段：2016 年 3 月 28 日～2016 年 4 月 3 日）

二、热点排行

科普热点排行榜

排名	热点文章	日期	站点	关键词	传播量	阅读量	回复量
1	上海破获假冒雅培乳粉案 1.7万余罐假冒乳粉流向7省	4月1日	腾讯新闻	食品安全	708 141	874 151	356 981
2	外媒：中国肥胖人数全球第一	4月3日	《参考消息》	健康	456 841	449 971	298 736
3	蓝色起源第三次成功发射回收同一枚火箭	4月2日	新浪科技	航空航天	335 841	398 715	287 231
4	AlphaGo 将挑战《星际争霸2》	3月31日	中关村在线	前沿科技	254 151	354 654	102 151
5	香港突发"限苗令"：继奶粉后再叫停赴港打疫苗	4月1日	搜狐网	健康	132 827	112 512	98 714
6	西安疾控中心工作人员涉山东疫苗案	4月1日	财经杂志	健康	125 546	102 154	102 983
7	国务院成立山东疫苗案工作督查组	3月28日	《人民日报》	健康	87 781	72 214	21 541

排名	热点文章	日期	站点	关键词	传播量	阅读量	回复量
8	世卫组织：中国应警惕"疫苗信任危机"	3月30日	《金融时报》	健康	66 315	45 112	4 584
9	世卫组织建议中国将五种二类疫苗纳入一类疫苗	3月30日	央广网	健康	65 411	33 541	9 321
10	世卫组织：中国民众没必要赴海外打疫苗	3月30日	《杭州日报》	健康	51 239	75 612	9 984
11	多名律师致信国务院 呼速对疫苗案采取补救措施	3月29日	财新网	健康	44 219	59 884	11 541
12	罗湖口岸截获一批"洋疫苗"	4月1日	《法制日报》	健康	33 251	25 411	8 921

三、重点舆情分析

蓝色起源第三次成功发射回收同一枚火箭，
一场关于火箭回收技术的竞争正悄然拉开序幕

4月2日，亚马逊首席执行官杰夫·贝佐斯（Jeff Bezos）旗下太空运输公司蓝色起源（Blue Origin）表示，公司已第三次成功发射和回收了一枚可搭载6名乘客的亚轨道火箭，在开发可重复使用助推器的道路上又向前迈进了一步。

蓝色起源和埃隆·马斯克（Elon Musk）旗下的太空探索技术公司（SpaceX）是少数几家尝试开发可回收火箭的公司。可回收火箭能够自主飞回地球，所以能够在翻修后再次飞行，有望削减发射成本。

蓝色起源的竞争对手 SpaceX 也在进行火箭回收尝试。SpaceX 完成了陆地上的火箭回收，而目前仍在继续尝试通过海上平台回收火箭。目前，蓝色起源发射的是亚轨道火箭，后者缺乏将航天器送到地球轨道的速度。但相比SpaeceX 的猎鹰火箭多次回收失败有更大的成功率。这次发射成功使两者在这个领域竞争愈发激烈。

（一）网民观点

抽样分析 4000 条网民观点，观点分布如下（部分言论包含多个观点，百分比总数大于 100%）。

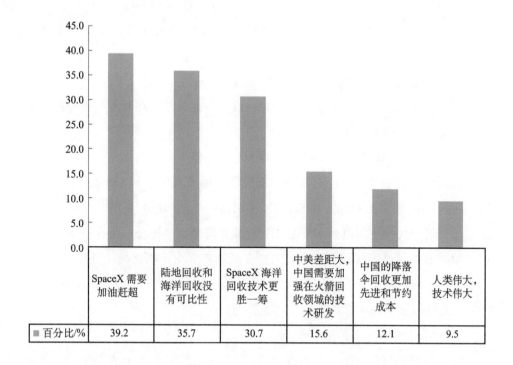

	SpaceX 需要加油赶超	陆地回收和海洋回收没有可比性	SpaceX 海洋回收技术更胜一筹	中美差距大，中国需要加强在火箭回收领域的技术研发	中国的降落伞回收更加先进和节约成本	人类伟大，技术伟大
■ 百分比/%	39.2	35.7	30.7	15.6	12.1	9.5

（二）媒体观点

1. 比较 SpaceX 和蓝色起源的火箭回收

雷锋网刊登的《Space X 的对手蓝色起源第三次成功回收了火箭》报道：去年 11 月和 1 月，亚马逊首席执行官杰夫·贝佐斯（Jeff Bezos）旗下航天公司 Blue Origin（蓝色起源）分别完成两次火箭回收。今据国外媒体报道，该公司周六在西德克萨斯州一个发射场完成了第三次火箭发射及回收。

对于第三次成功降落，贝佐斯评价为"完美的表现"。据悉，这枚太空火箭名为"New Shepard"，是一枚可搭载 6 名乘客的亚轨道火箭，在达到约 34 万英尺[①] 的计划高度后，又成功地返回发射场。与前两次发射回收不同的是，New Shepard 完成了新的极限挑战——在火箭返程距地面仅 1.1 千米时才重启 BE-3 发动机减速。要知道，如果发动机减速不够快，火箭会在发射 6 秒后撞毁于地面。

驱动之家网刊登的《羞煞猎鹰 9：蓝色起源第三次成功回收火箭》报道：

---

① 1英尺=0.3048米。

说起可回收火箭，大家肯定会马上想到 SpaceX 的猎鹰 9 号，但其实尝试这种新型航天发射方式的不止一家，还有亚马逊首席执行官杰夫·贝佐斯（Jeff Bezos）旗下的太空运输公司蓝色起源（Blue Origin）。

现在，蓝色起源第三次成功发射和回收了一枚火箭，在开发可重复使用助推器的道路上又向前迈进了一步。

2. 无论最终哪家能成功，都是人类的胜利

腾讯科技刊登的《蓝色起源第三次发射并回收火箭，与 SpaceX 争雄》报道：我们应该为 Blue Origin 和 SpaceX 所取得的成就而感到骄傲，而不是比较谁家的火箭更大，飞得更远，或是先实现成功降落。两家公司都在花着自己的钱、解决着最困难的问题。两家公司都在试图将尤里·加加林（Yuri Gagarin）和艾伦·谢泼德（Alan Shepard）于半个世纪前为我们开拓的前沿拓展得更远。不管最终哪家能成功，这都将是人类的胜利。

3. 人类离太空旅行更进一步

新浪科技刊登的《亚马逊 CEO 贝佐斯向太空旅游更进一步》报道：除了竞争中的象征意义及带来的公关优势之外，蓝色起源周末的发射也证明了该公司推进器原型产品，以及太空舱系统 New Shepard 的性能。太空旅游并非 SpaceX 关注的重点。而大部分专家认为，火箭回收将是使太空旅游成为可能的关键。作为亚马逊创始人，贝佐斯在本月早些时候表示，蓝色起源预计将在明年开始对 New Shepard 进行载人测试飞行，最早在 2018 年开始搭载付费乘客飞行。

腾讯太空刊登的《蓝色起源公司预计 2017 年开始载人亚轨道飞行》报道：贝佐斯的蓝色起源公司和维珍银河公司、SpaceX 公司等致力于让人类离开地球，体验亚轨道飞行，并不排除未来进一步开拓轨道旅游项目。

太空游仅仅在美国本土几家公司之间开展竞争，美国太空港也是唯一体验太空游的新建设施，贝佐斯估计每年会有潜在的 100 次亚轨道飞行，但安全仍然是第一位。公司希望降低火箭发射的费用，甚至未来会在火星上建造殖民地，但目前要做的就是把火箭和飞船弄成可重复使用。

（三）科普释疑

1. 为什么说火箭回收具有里程碑意义？

居高不下的发射成本，是制约航天工业发展的重要因素。那么，有没有办法大幅降低成本呢？完整回收火箭并再次利用是个好办法。其实一枚火箭的成本，燃料仅占很小一部分。火箭的导航控制系统、燃料储箱和火箭发动机等部分才是绝对的大头。如果一枚火箭可以重复使用，那么就可以大大降低发射成本。

太空探索技术公司首席执行官埃隆·马斯克（Elon Musk）曾表示，制造能够重复使用的火箭，才是人类航天的未来。以这次发射使用的猎鹰 9 号火箭为例，火箭成本 5000 万美元，其中燃料费用仅有 20 万美元。

此前，他们研制了"蚱蜢"垂直起降试验飞行器，为火箭定点垂直着陆进行了试验。后来，又改装了猎鹰 9 号火箭的第一级进行垂直起降试验。

2. 太空探索技术公司和蓝色起源

美国太空探索技术公司是一家由 PayPal 早期投资人埃隆·马斯克于 2002 年 6 月建立的美国太空运输公司。它开发了可部分重复使用的猎鹰 1 号和猎鹰 9 号运载火箭。SpaceX 同时开发 Dragon 系列的航天器，以通过猎鹰 9 号发射到轨道。SpaceX 主要设计、测试和制造内部的部件，如 Merlin、Kestrel 和 Draco 火箭发动机。

SpaceX 的多次航天试验都进行了现场直播，这创造了航天领域的一项新纪录，被誉为当今世界最透明的航天公司。

2008 年，SpaceX 获得美国国家航空航天局（NASA）正式合同。2012 年 10 月，SpaceX 龙飞船将货物送到国际空间站，开启私营航天的新时代。目前 SpaceX 已经做了 8 次试验，可以做到升空 1000 米后回落原地。不过这项技术正式应用仍尚需时日。总部由加利福尼亚州的埃尔塞贡多迁至霍桑。SpaceX 放出豪言：2100 年要主宰太阳系。2015 年 2 月 11 日，谷歌 SEC 文件证实：已向 SpaceX 投资 9 亿美元。

2015 年，据外媒报道，当地时间 3 月 1 日，美国 SpaceX 公司的猎鹰 9 号火箭从卡纳维拉尔角空军基地发射升空，将世界上第一批全电动通信卫星送入预定轨道。

SpaceX 于美国东部时间 2015 年 12 月 21 日 20：33（北京时间 12 月 22 日上午 9：33）在佛罗里达州卡纳维拉尔角发射 Falcon 9 火箭。消息显示，该火箭已经成功发射并且一级火箭已经成功回收。创造了人类太空史的第一。目前 SpaceX 运载的全部 11 颗 ORBCOMM 卫星已经输送到预定轨道。此次 SpaceX 火箭发射成本预计 6000 万美元，大大降低了人类进入太空的成本。

蓝色起源是亚马逊首席执行官杰夫·贝佐斯旗下的一家商业太空公司，2000 年成立，已经拥有了近 600 名员工。

美国当地时间 2016 年 3 月 9 日，杰夫·贝佐斯宣布，将在 2017 年对可重复使用亚轨道航天器 New Shepard 进行载人测试飞行，预计将在 2018 年搭载付费乘客飞行。

2015 年 11 月，蓝色起源实现了火箭发射并回收：公司将研发的 New Shepard 成功发射到了 100 千米的高空，随后火箭体完好无损地降落到了预定的地面位置。

2016 年 3 月 9 日，杰夫·贝佐斯宣布，将在 2017 年对可重复使用亚轨道航天器 New Shepard 进行载人测试飞行，预计将在 2018 年搭载付费乘客飞行。据贝佐斯透露，蓝色起源预计将打造 6 枚 New Shepard 火箭，搭载 6 名乘客自主飞行至地球 62 英里[①] 以上的高空，在这一高度，乘客能够体验数分钟的失重状态，并观看地球的全貌。

四、"科普中国"传播效果分析

本周，"科普中国实时探针"共收录"科普中国"相关的发文总计 983 篇，较上周有小幅下降。微信平台上依旧是"科普中国"和"科技前沿大师谈"两个公众号的文章阅读数排行居前。

文章《眼睛突然疼痛别大意！》在微信、微博、论坛、博客上均获得较好的传播。

---

① 1英里=1609.344米。

微信文章传播排行

排名	标题	公众号	阅读数	来源
1	眼睛突然疼痛别大意！|EYE科普	科普中国	6603	科普中国
2	意外怀孕怎么办？别把人流不当回事|头条	科普中国	5576	科普中国
3	如果你的孩子不爱说话，不要轻易说他自闭|头条	科普中国	2913	科普中国微平台
4	为什么有的愚人招数让人不爽？|头条	科普中国	2732	科普中国
5	真相|艾滋病到底能不能治愈？	科技前沿大师谈	2293	科技前沿大师谈
6	吃白米饭致肺癌？专家：属歪曲解读	科技前沿大师谈	2140	科技前沿大师谈

"科普中国"官网栏目新闻文章传播排行

排名	新闻标题	栏目	转载数	来源
1	南极冰雪掩盖了多少秘密？	科学原理一点通	15	《科技日报》
2	在血管中"搭桥建梁"	移动融合创作	11	悬壶科普团队
3	科普中国：让科技知识在网上和生活中流行	首页头条	7	科普中国
4	火星怎么就成了科幻界的"网红"？	科学原理一点通	6	知识就是力量微信公众号
5	中医治未病的历史演变	移动融合创作	3	科普中国

论坛博客文章传播排行

排名	标题	站点	作者	来源	阅读数	回复数
1	眼睛突然疼痛别大意！	新浪博客	科普中国	科普中国	4928	4
2	旅美专家揭露孟山都与中国专家勾结将欧洲视为砒霜转基因打扮成中国的蜜糖	凯迪社区	黑土地1	凯迪社区	1417	2
3	中办印发《科协系统深化改革实施方案》	红网论坛	《人民日报》	《人民日报》	713	3
4	实质等同名存实亡，农官忽悠垂死挣扎	和讯博客	直言了	和讯博客	736	0

"科普中国"微博排行

排名	标题 / 内容	作者	来源	传播情况
1	眼睛突然疼痛别大意!	科普中国	科普中国	阅读 149;点赞 7
2	"互联网+科普"来了,让科技知识在网上和生活中流行吧!	科普中国	科普中国	阅读 42;点赞 7
3	#科普南涧##扶贫攻坚科协在行动#3 月 31 日,南涧县科协全体干部及州县乡村扶贫工作队员到无量山镇可保村二轮转走访建档立卡贫困户	科普南涧	科普南涧	转发 30;评论 5;点赞 8
4	#消防科普进万家#春季已来临,气温升高且风干物燥,极易诱发火灾。特别是农村,一旦发生火灾,后果不堪设想。为此漾濞县护林防火指挥部启动了无火清明! 以鲜花祭祀表哀思!	禁卫军 jwj	禁卫军 jwj	转发 20;评论 6;点赞 7

注:数据来源于科普舆情数据系统

五、科普启示

根据网民热议观点,可以做针对性的深入科普。蓝色起源公司第三次回收火箭后,有不少网民认为中国降落伞形式的回收火箭技术更加先进,虽然有一定的调侃成分,但仍有网民对中国的火箭回收进展、技术、案例知之甚少,但热情却不减,多次在航空航天事件的新闻评论中提及,而媒体对此报道较少,这给我们深入科普与网民互动带来了较大的空间。

科普中国实时探针舆情周报
（2016.06.09～2016.06.15）

一、科普热点

（一）舆情概况

本周"科普中国实时探针"共收录科普相关信息 478 947 篇。互联网新闻是最主要的传播平台，占比超五成。微信、APP 新闻客户端也是重要的信息来源平台，占比均超一成。

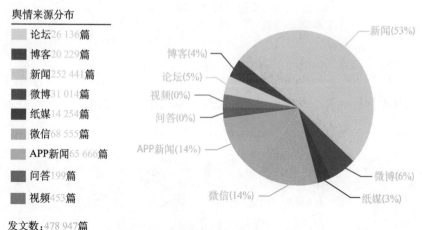

舆情来源分布

- 论坛 26 136 篇
- 博客 20 229 篇
- 新闻 252 441 篇
- 微博 31 014 篇
- 纸媒 14 254 篇
- 微信 68 555 篇
- APP新闻 65 666 篇
- 问答 199 篇
- 视频 453 篇

发文数：478 947 篇

科普信息传播平台分布饼状图
（监测时段：2016 年 6 月 9 日～2016 年 6 月 15 日）

注：因各平台发文数占比统计图中的百分比数值均取整数，视频、问答平台
的发文数量不足整数的数量级，故在统计图中显示为 0

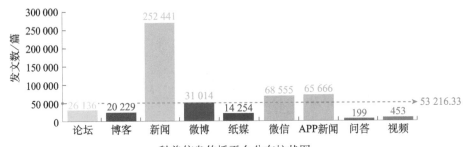

科普信息传播平台分布柱状图
（监测时段：2016 年 6 月 9 日～ 2016 年 6 月 15 日）

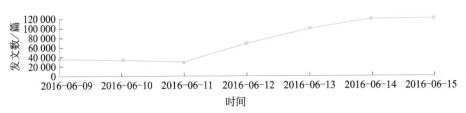

一周科普信息舆情走势图
（监测时段：2016 年 6 月 9 日～ 2016 年 6 月 15 日）

（二）科普类别排行

对科普信息的各个类别进行发文统计，排行如下表所示。

科普九大类发文数排行

排名	类别	发文数	典型文章
1	应急避险	186 939	南北方地区强降雨冰雹来袭　多地受灾严重
2	生态环境	98 202	"毒跑道"为何频频出现
3	前沿科技	72 884	近距离观摩"国之重器"："十二五"科技创新成就展札记
4	伪科学	43 768	星座到底靠不靠谱？
5	健康医疗	43 319	男孩体内惊现超级细菌，因为父母常给他吃这些
6	食品安全	32 702	奶粉配方新政：不得暗示"增加免疫力"等信息
7	科普活动	26 899	分答的未来是知识传播还是娱乐传播并不重要
8	航空航天	379	与飞机有关的神秘现象
9	能源利用	1	莫彷徨，危机是创新的老师

（三）热点事件排行

科普热点排行榜

排名	热点事件	类别	热度值①
1	南方迎入汛以来最大暴雨	应急避险	301 924
2	食品安全宣传周	食品安全	47 221
3	中国制造全球首款载客无人机将测试	航空航天	6 881
4	全球 1/3 人口受光污染影响无法看到灿烂星空	生态环境	3 409
5	人类首次登陆月球背面探测器：嫦娥四号将去月球南极	航空航天	1 249

二、网民视角

食品安全宣传周

（一）事件概述

全国食品安全宣传周是国务院食品安全委员会办公室于 2011 年确定在每年 6 月举办的，通过搭建多种交流平台，以多种形式、多个角度、多条途径，面向贴近社会公众，有针对性地开展风险交流、普及科普知识活动，活动期限为一周（因主题日的丰富而适当延长）。今年的活动主题是"尚德守法，共治共享食品安全"。

6 月 13 日开始，2016 年的食品安全宣传周活动在全国各地开始陆续启动。开展知识讲座和论坛、发放宣传手册、开展《中华人民共和国食品安全法》综合执法检查等都成为食品安全周宣传的重要手段。

---

① 热度值=纸媒、网媒、APP新闻数+微博数+论坛数+微信文章数+博客数；热度值权重：纯科普网站（科普中国、果壳网等）＞门户网站（新华网等中央重点新闻网站及各大商业网站）＞其他网站；先从热点文章中提取热点事件，再用热点事件的发文数确定热度值；采集热点时设置优先级，科普关键词出现次数越多，优先级越高。

（二）网民观点

抽样分析 500 条网民言论，网民观点分布如下（部分言论包含多个观点）。

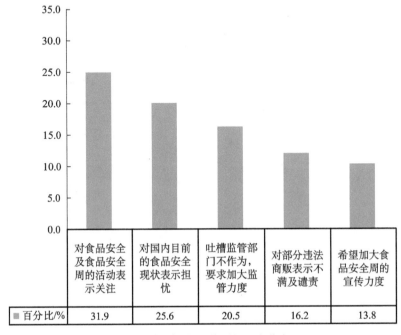

	对食品安全及食品安全周的活动表示关注	对国内目前的食品安全现状表示担忧	吐槽监管部门不作为，要求加大监管力度	对部分违法商贩表示不满及谴责	希望加大食品安全周的宣传力度
■ 百分比/%	31.9	25.6	20.5	16.2	13.8

网民对食品安全宣传周的观点分布

三、科普传播榜

科普微信排行榜

排名	微信账号名	阅读数	文章数	点赞数
1	科普中国	62 478	22	363
2	上海自然博物馆	40 574	4	138
3	程氏针灸	34 612	10	273
4	农业机械	33 688	6	137
5	互动百科	31 312	24	158
6	中国好营养	20 817	2	125
7	蝌蚪五线谱	19 316	6	111

排名	微信账号名	阅读数	文章数	点赞数
8	科技前沿大师谈	13 526	12	137
9	军事科技前沿	13 216	8	224
10	科学原理一点通	12 328	13	200
11	科技创新里程碑	11 171	21	153
12	科普湖南	8 536	15	81
13	科普传播之道	4 875	6	111
14	中国公路学会	4 326	6	48
15	中国科普博览	3 991	9	52

科普微博排行榜

排名	微博账号名	发文数	转发数	评论数	点赞数
1	科罗廖夫	55	3478	2848	3781
2	军报记者	24	1045	822	3114
3	飞雪之灵	23	1749	1651	2008
4	医生妈妈欧茜	12	684	538	510
5	范志红_原创营养信息	11	1463	902	1583
6	小儿外科裴医生	7	1376	1164	1207
7	营养师顾中一	6	491	343	496
8	NASA 中文	5	425	138	490
9	龚晓明医生	5	265	262	632
10	奥卡姆剃刀	3	319	378	426

"科普中国"传播榜

排名	频道名称	阅读数	发文数
1	移动端科普融合创作	26 000 000	0
2	"科普中国"微平台	10 000 000	25
3	科技名家风采录	4 854 719	13
4	科学百科	4 200 000	0
5	科技前沿大师谈	3 902 376	21
6	科学原理一点通	3 334 365	26
7	科普中国头条推送	3 152 312	5
8	实用技术助你成才	3 051 508	0
9	科学为你解疑释惑	1 844 802	9
10	科技创新里程碑	1 448 599	22

数据来源：中国科学技术协会科普部

注：监测范围包括新闻网站、纸媒、论坛、博客、微博全网监测；科普微信公众号62个；APP新闻客户端121个

科普中国实时探针舆情周报
（2016.07.14～2016.07.20）

一、科普热点

（一）舆情概况

本周"科普中国实时探针"共收录科普相关信息 990 006 篇，较上期有所增加。互联网新闻占比近四成，微信占比超两成，微博占比超一成。

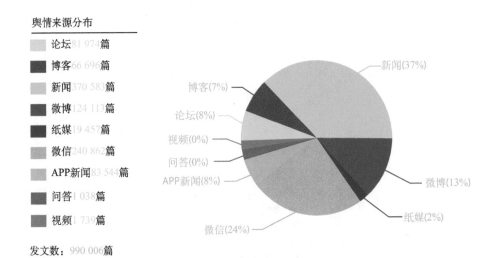

舆情来源分布

- 论坛 81 974 篇
- 博客 66 696 篇
- 新闻 370 583 篇
- 微博 124 113 篇
- 纸媒 19 457 篇
- 微信 240 862 篇
- APP新闻 83 544 篇
- 问答 1 038 篇
- 视频 1 739 篇

发文数：990 006 篇

科普信息传播平台分布饼状图
（监测时段：2016 年 7 月 14 日～2016 年 7 月 20 日）

注：因各平台发文数占比统计图中的百分比数值均取整数，视频、问答平台的发文数量不足整数的数量级，故在统计图中显示为 0

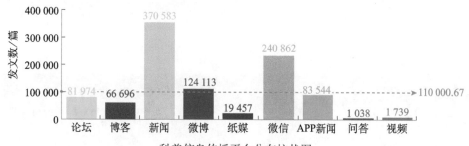

科普信息传播平台分布柱状图
（监测时段：2016 年 7 月 14 日～ 2016 年 7 月 20 日）

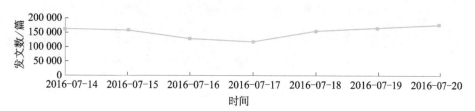

一周科普信息舆情走势图
（监测时段：2016 年 7 月 14 日～ 2016 年 7 月 20 日）

（二）科普发文类别排行

对科普信息的各个类别进行发文统计，排行如下表所示。

科普九大类发文数排行

排名	类别	发文数	典型文章
1	应急避险	297 986	自救：城市内涝避险自救锦囊
2	生态环境	134 548	生活新知 | 出现泡沫海洋是怎么回事？
3	前沿科技	90 642	科技闻道：南开大学金属空气电池研发取得突破 | 科技新闻
4	健康医疗	73 681	打了能防癌的 HPV 疫苗，就万无一失了？| 头条
5	伪科学	63 892	朋友圈疯传"倒挂法"救溺水儿童，靠谱吗？| 辟谣百科第 44 期
6	食品安全	46 006	这些食物商贩自己从来不吃！我们却爱吃得不行……
7	科普活动	31 779	让科普这只"翅膀"硬起来——论加强科学普及
8	航空航天	525	趣味科学：掉入黑洞何去何从？霍金告诉你！|V 视快递
9	能源利用	32	大家谈：天然气或将成为主力能源，发电将是最有潜力领域

（三）热点事件排行

热点事件排行榜

排名	热点事件	类别	发文数
1	北方暴雨	应急避险、生态环境	2 987 662
2	国内首个宫颈癌疫苗获批	健康医疗	226 770
3	SpaceX 今年第 7 次发射猎鹰 9 号火箭	航空航天	73 470
4	第 21 届世界艾滋病大会	健康医疗	8 735
5	太阳黑子连续十几天消失	航空航天	1 584

注：热点事件排行榜中的"发文数"指标是针对整个事件在全互联网领域的所有信息

（四）科普热点排行

科普热点排行榜

排名	科普热点	类别	发文数
1	北方暴雨	应急避险、生态环境	80 755
2	国内首个宫颈癌疫苗获批	健康医疗	32 994
3	SpaceX 今年第 7 次发射猎鹰 9 号火箭	航空航天	2 555
4	第 21 届世界艾滋病大会	健康医疗	1 156
5	太阳黑子连续十几天消失	航空航天	331

注：科普热点排行榜中的"发文数"指标是针对该事件与科普相关的信息

二、网民视角

北方暴雨

（一）事件概述

随着雨带北抬，7 月 18 日起，新一轮强降雨开始影响长江以北地区。北方多地或遭遇今年以来最大范围的强降雨，河南、山东、山西、河北等地有暴雨，局地大暴雨。其中，19 日北方暴雨面积将达 24.83 万平方千米，是本轮过程暴雨范围最广的一天。另外，20 ~ 21 日，华北、黄淮东部和南部、东北地区南部还有大到暴雨，部分地区大暴雨。而中央气象台在 20 日早晨继续发布暴雨橙色预警。受暴雨天气影响，山西太原、河北邯郸和邢台出现严重内涝，部分地区出现山洪。从 1981 ~ 2010 年北方部分城市常年出现首场暴雨的日期看，像河北石家庄、山西太原今年或将有所提前，而像北京市、天津市、山东济南则是有所延后。

为什么"七下八上"北方降雨多呢？据了解，这与西太平洋副热带高压的位置有密切关系。每年到了 7 月中旬前后，副热带高压再次向北移动，8 月，副热带高压达到最北位置。副高西侧的西南气流或偏东气流把洋面上的水汽源源不断地向陆地输送，为华北、东北和京津地区的大降水打下基础，倘若又遇有冷空气活动，就促使水汽发生凝结，很容易发生降雨。汛期天气变化快，局地生成阵雨的情况较普遍，特征往往是局地性很强。

（二）网民观点

抽样分析 2000 条网民言论，网民观点分布如下（部分言论包含多个观点）。

针对北方暴雨一事，近七成网民表达了客观言论，一方面，传播各地的暴雨情况，呼吁大家注意安全并做好防护措施，致力于传播各类应急避险措施及灾后防疫措施；另一方面，也有不少网民以段子的形式调侃南北的暴雨及高温差异，同时也有网民科普暴雨由南转北的科学原因；近两成网民对此次事件持负面观点，吐槽因暴雨引发的各种不便，并对城市防洪防汛系统建设表达了强烈不满；也有超一成网民在为受灾地区及群众的祈福中和为救援人员的点赞中传播正能量。

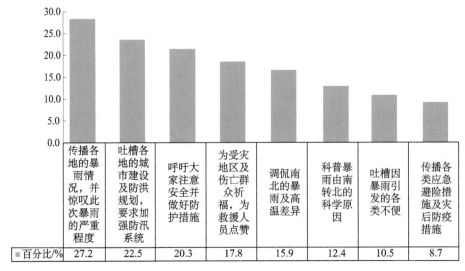

网民对北方暴雨的观点分布

百分比/%	传播各地的暴雨情况，并惊叹此次暴雨的严重程度	吐槽各地的城市建设及防洪规划，要求加强防汛系统	呼吁大家注意安全并做好防护措施	为受灾地区及伤亡群众祈福，为救援人员点赞	调侃南北的暴雨及高温差异	科普暴雨由南转北的科学原因	吐槽因暴雨引发的各类不便	传播各类应急避险措施及灾后防疫措施
	27.2	22.5	20.3	17.8	15.9	12.4	10.5	8.7

三、科普传播榜

科普微信账号排行榜

排名	微信账号名	阅读数	点赞数	文章数
1	果壳网	2 730 775	30 129	45
2	物种日历	500 611	3 694	14
3	知识分子	488 656	3 322	20
4	中国国家地理	264 644	1 138	10
5	赛先生	143 451	561	9
6	知乎	136 149	293	5
7	中科院之声	75 615	613	28
8	科学爸爸	58 281	258	9
9	中国科学报	56 288	176	19
10	科普中国	55 638	354	23

科普微信文章排行榜

排名	文章	来源	阅读数	点赞数
1	这位科学家收到陌生人的千万遗产,因为她毁掉了一种"疗法"。	果壳网	100 000+	2 401
2	水果罐头是怎样剥皮、去核、切块的?这组图我能看一天!	果壳网	100 000+	1 813
3	蜱虫叮咬用火烧?错!又到夏季,身上冒出"小黑点"别大意!	果壳网	100 000+	1 538
4	HPV 疫苗终于获准在中国上市了!你需不需要去打?	果壳网	100 000+	1 371
5	三伏贴能贴好鼻炎/感冒/哮喘/空调病吗?小心贴出化学烧伤!	果壳网	100 000+	1 089
6	北方暴雨来袭,你需要知道的一切都在这里!关键时刻能救命!	果壳网	100 000+	1 045
7	"不被信任的科学":为什么老百姓宁肯信谣言?	果壳网	100 000+	1 008
8	他是丹麦国家队的守门员,也是个量子物理学家,还拯救过世界	果壳网	100 000+	989
9	高跟鞋是禁锢女性的发明吗?为何姑娘们还这么爱"刑具"?	果壳网	100 000+	633
10	蘑菇啊蘑菇,你这么水灵,为什么要有毒?	果壳网	95 002	965

科普微博账号发文数排行榜

排名	微博账号名	发文数	转发数	评论数	点赞数
1	生活百科	1 981	209	12	229
2	我是驴友小百科	1 782	39 103	3 418	27 667
3	气象预警与科普	1 529	673	725	1 302
4	百科收集	1 303	28 837	2 238	25 712
5	技能小百科	1 191	75 598	4 236	53 328
6	实用百科菌	929	92 802	14 594	82 603
7	生活百科收集	566	8 983	464	5 018
8	实用生活智慧小百科	522	1 943	63	1 688
9	超级实用小百科	494	13 417	860	14 363
10	实用生活百科全说	469	2 391	76	1 957

科普微博账号转发数排行榜

排名	微博账号名	转发数	评论数	点赞数	发文数
1	好奇博士	152 289	29 967	68 906	373
2	全球大百科	142 669	6 677	64 008	305
3	实用百科菌	92 802	14 594	82 603	929
4	百科酱	81 288	11 298	79 166	343
5	技能小百科	75 598	4 236	53 328	1 191
6	健康美容大百科	48 150	1 015	7 616	392
7	我是驴友小百科	39 103	3 418	27 667	1 782
8	科普君 XueShu	37 944	11 726	54 656	60
9	军报记者	34 901	22 898	141 710	309
10	百科收集	28 837	2 238	25 712	1 303

科普微博文章排行榜

排名	来源	微博内容	转发数	评论数	点赞数
1	科普君 XueShu	《4分钟宇宙简史》高大上，"涨姿势"！简直太（fei）生（chang）动（jian）了。#酷炫科普小短片#【第151期】# 物理 # http://t.cn/RthAQ2s	6021	608	2774
2	我们都爱看科普	女孩应该知道的妇科常识有哪些?	2456	691	1202
3	协和老万	发表了博文《HPV 疫苗那些事》HPV 疫苗那些事在美国上市十年后，在业界多方呼吁数年后，HPV 疫苗终于在中国上市了。HPV 疫苗之问瞬间引爆电话与微信，各路美女和美女相关人士都在打听，跃跃欲试。在这里——HPV 疫苗那些事。	2270	207	768
4	医生妈妈欧茜	昨晚发了一个恐怖的小儿推拿视频，可发现更恐怖的是评论中依然有很多人觉得是正常的。新发一篇文章《你所不知道的危险：摇晃婴儿综合征》详细解释。http://t.cn/ R5FBoa9	1660	673	1411
5	松鼠云无心	提起罐头食品，许多人的头脑中跳出的两个词就是"防腐剂"和"没营养"。其实，前一种印象完全错误，后一个也很失偏颇。这篇有点长，讲罐头食品的前世今生。http://t.cn/ R5svLuQ	1544	322	540
6	科普君 XueShu	木星对小行星带的引力作用保护了其他行星免受撞击。# 物理 # http://t.cn/R5sgDtK	1084	305	2641

续表

排名	来源	微博内容	转发数	评论数	点赞数
7	科学松鼠会	《关于 HPV 疫苗的 8 个问题和回答》，由一群松鼠和 Ta 的朋友们协作解答：HPV 疫苗可以 100% 的预防宫颈癌吗？只有女性才需要 HPV 疫苗吗？HPV 疫苗可以治疗宫颈癌吗？为什么注射 HPV 疫苗要趁早？那有过性生活或年龄超过 26 岁，HPV 疫苗就没有用了吗？疫苗的安全性如何？http: //t.cn/Rt7CjJR	1015	341	370
8	实用百科菌	【你喝水的杯子有毒吗？】塑料瓶底部三角形内数字：1 号 PET：耐热至 65℃，耐冷至 –20℃。2 号 HDPE：建议不要循环使用。3 号 PVC：最好不要购买。4 号 LDPE：耐热性不强。5 号 PP：微波炉餐盒、保鲜盒，耐高温 120℃。6 号 PS：又耐热又抗寒但不能放进微波炉中。7 号 PC 其他类：水壶、水杯、奶瓶	733	13	152
9	高铁见闻	【让和谐号即将成为历史的标准动车组是什么？】今天标准动车组要进行时速 420 公里时速交会试验，相对速度是多少，中间产生的"强吸力"有多大，脑洞大的先想想吧……这种事情，在我们生活的这个蓝色星球上还是第一次发生。这个让和谐号即将成为历史的标准动车组是什么？看完就懂了。http: //t.cn/RtvxHG6	476	108	170
10	科罗廖夫	【中国的 107 火箭炮威震世界，曾使用英国人一个独门绝技】九十年代后中国又为该炮配备了远程弹、钢珠杀爆燃弹、白磷弹、云爆弹、软杀伤弹、无线电干扰弹、精确制导弹等十几个弹药品种。这世界上没有什么事儿是一波 107 齐射解决不了的，如果有，那就再来一波！http: //t.cn/Rtv7RO8	388	145	799

科普中国实时探针舆情周报
（2016.08.04～2016.08.10）

一、科普热点

（一）舆情概况

本周"科普中国实时探针"共收录科普相关信息 974 215 篇。互联网新闻占比近四成，微信占比超两成，微博、APP 新闻占比均超一成。

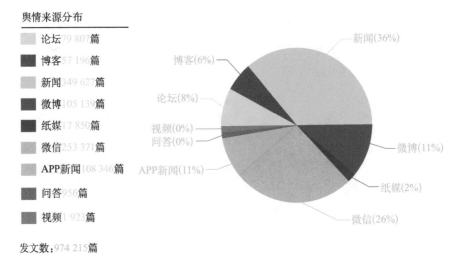

舆情来源分布

- 论坛 79 807 篇
- 博客 57 196 篇
- 新闻 349 627 篇
- 微博 105 139 篇
- 纸媒 17 850 篇
- 微信 253 371 篇
- APP新闻 108 346 篇
- 问答 956 篇
- 视频 1 923 篇

发文数：974 215 篇

科普信息传播平台分布饼状图
（监测时段：2016 年 8 月 4 日～ 2016 年 8 月 10 日）
注：因各平台发文数占比统计图中的百分比数值均取整数，视频、问答平台
的发文数量不足整数的数量级，故在统计图中显示为 0

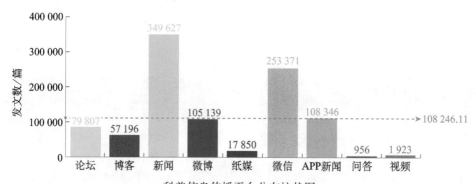

科普信息传播平台分布柱状图
（监测时段：2016 年 8 月 4 日～2016 年 8 月 10 日）

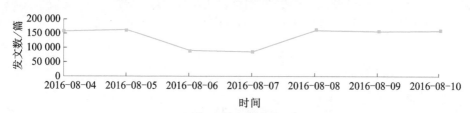

一周科普信息舆情走势图
（监测时段：2016 年 8 月 4 日～2016 年 8 月 10 日）

（二）科普发文类别排行

对科普信息的各个类别进行发文统计，排行如下表所示。

科普九大类发文数排行

排名	类别	发文数	典型文章
1	应急避险	252 378	知识百科：这些化学品起火时，别用水扑救
2	生态环境	128 481	科学之旅之 HI 科学：土壤重金属污染
3	前沿科技	84 373	扒一扒里约奥运会上的黑科技
4	健康医疗	61 380	【生活百科】病毒是个什么玩意？
5	伪科学	49 144	流言揭秘：喝凉白开等于自杀吗？
6	食品安全	40 356	开捕啦！吃货们夏天吃海鲜，要注意这些
7	科普活动	29 415	视频｜汤寿根——科普创作向何处去
8	航空航天	2 736	科技闻道：一颗有故事的卫星：全球首颗量子卫星要上天！
9	能源利用	140	能源终极梦想 科学家"种太阳"

（三）热点事件排行

热点事件排行榜

排名	热点事件	类别	发文数
1	揭秘巴铁背后	前沿科技	88 617
2	我国成功发射高分三号卫星	航空航天	14 578
3	美国培育转基因蚊子抑制寨卡病毒传播	健康医疗	13 132
4	地球生态超载日提前到来	生态环境	4 246
5	全球最大飞行器首次出棚测试	航空航天	2 436

注：热点事件排行榜中的"发文数"指标是针对整个事件在全互联网领域的所有信息

（四）科普热点排行

科普热点排行榜

排名	科普热点	类别	发文数
1	揭秘巴铁背后	前沿科技	7009
2	我国成功发射高分三号卫星	航空航天	2002
3	美国培育转基因蚊子抑制寨卡病毒传播	航空航天	1195
4	地球生态超载日提前到来	生态环境	667
5	全球最大飞行器首次出棚测试	健康医疗	261

注：科普热点排行榜中的"发文数"指标是针对该事件与科普相关的信息

二、网民视角

我国成功发射高分三号卫星

（一）事件概述

北京时间 8 月 10 日 6 时 55 分，我国在太原卫星发射中心用长征四号丙运载火箭成功将高分三号卫星发射升空。这是我国首颗分辨率达到 1 米的 C 频段多极化合成孔径雷达（SAR）卫星，具有高分辨率、大成像幅宽、多成像模式、长寿命运行等特点，将显著提升我国全天候、全天时对地遥感观测能力。

（二）网民观点

抽样分析2000条网民言论，网民观点分布如下（部分言论包含多个观点）。

针对我国成功发射高分三号卫星一事，正面观点近五成，网民集体为高分三号的成功发射点赞，辛苦的科研人员及可爱的卫星形象也赢得较多赞誉，同时，大家均为国家发展感到骄傲自豪；另外有近四成网民对该卫星的目的、卫星背后的各部门协调工作表示关注，言论倾向呈中性；另有一成以上网民对此产生部分负面言论，如对卫星发射中心的确切地理位置产生争议，质疑如此高分辨率的卫星会侵犯公民隐私权。

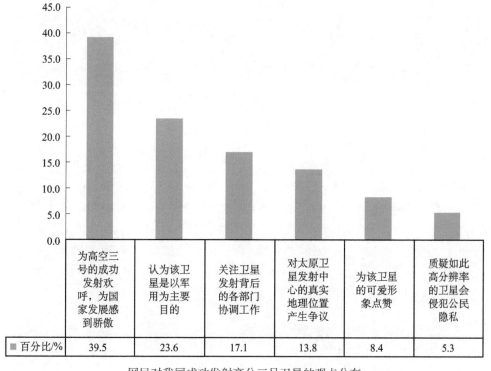

	为高空三号的成功发射欢呼，为国家发展感到骄傲	认为该卫星是以军用为主要目的	关注卫星发射背后的各部门协调工作	对太原卫星发射中心的真实地理位置产生争议	为该卫星的可爱形象点赞	质疑如此高分辨率的卫星会侵犯公民隐私
■ 百分比/%	39.5	23.6	17.1	13.8	8.4	5.3

网民对我国成功发射高分三号卫星的观点分布

三、科普传播榜

科普微信账号排行榜

排名	微信账号名	阅读数	点赞数	文章数
1	果壳网	2 901 668	44 311	49
2	物种日历	491 492	3 924	15
3	知识分子	348 143	2 769	17
4	中国国家地理	249 790	1 461	8
5	赛先生	209 542	645	13
6	知乎	127 554	295	3
7	科通社	108 087	484	15
8	中国科学报	102 485	293	18
9	科普中国	66 744	770	21
10	果壳问答	55 007	380	7

科普微信文章排行榜

排名	文章	来源	阅读数	点赞数
1	"洪荒之力"是多大力？不不不，你看到的解释都是错的！	果壳网	100 000+	3 403
2	跟班式科研，误己误国——某国立研究所所长的自白 | 争鸣	知识分子	100 000+	1 754
3	跳水"压水花"的原理是什么？秘密竟然是手的姿势！	果壳网	100 000+	941
4	明明同一个室温，为什么竹席就是比床单更凉快？	果壳网	95 793	640
5	萤火虫从哪里来？	果壳网	80 859	930
6	开幕式上为啥有架倒着飞的飞机？巴西人认为飞机是他们发明的	果壳网	69 549	524
7	《科学》报道：中国地质学家发现夏朝存在关键证据，"大禹治水"不再口说无凭。	科通社	67 562	237
8	七夕想送什么花？最好别是玫瑰花！	物种日历	65 500	497
9	世上还有比盲鳗更恶心的东西吗？有，糊满黏液的盲鳗！	果壳网	63 015	1 393
10	科学家在鼻孔里搞出个大发现：这里藏着个厉害角色！	果壳网	61 477	696

科普中国实时探针舆情周报
（2016.09.01～2016.09.07）

一、科普热点

（一）舆情概况

本周"科普中国实时探针"共收录科普相关信息 1 053 628 篇。互联网新闻占比超三成，微信占比近三成，微博、博客、APP 新闻占比均为一成左右。

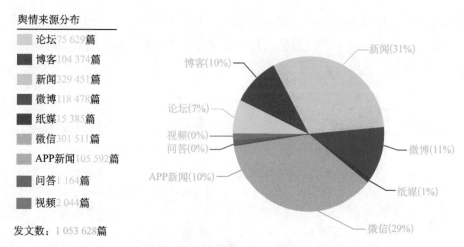

舆情来源分布

- 论坛 75 629 篇
- 博客 104 374 篇
- 新闻 329 451 篇
- 微博 118 478 篇
- 纸媒 15 385 篇
- 微信 301 511 篇
- APP新闻 105 592 篇
- 问答 1 164 篇
- 视频 2 044 篇

发文数：1 053 628 篇

博客(10%)　新闻(31%)
论坛(7%)
视频(0%)
问答(0%)　微博(11%)
APP新闻(10%)
纸媒(1%)
微信(29%)

科普信息传播平台分布饼状图
（监测时段：2016 年 9 月 1 日零时～ 2016 年 9 月 7 日 24 时）
注：因各平台发文数占比统计图中的百分比数值均取整数，视频、问答平台
的发文数量不足整数的数量级，故在统计图中显示为 0

科普信息发文数量在前后期发展均较为平稳，中期呈现先下降后上升的变化趋势。中期因恰逢周末，相关信息较少，故出现低谷。

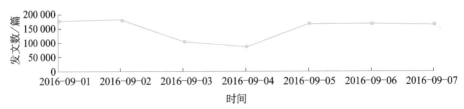

科普信息发文数量走势图
（监测时段：2016 年 9 月 1 日零时～ 2016 年 9 月 7 日 24 时）

（二）科普发文类别排行

"科普中国实时探针"根据科普关键词进行全网监测，包括近 2 万家新闻网站、近 1000 家纸媒、70 个主流新闻 APP、十大主流博客、3 万多个论坛、100 万个微博账号、近 10 万个微信公众账号、25 家国内主流视频网站、十大主流问答平台，共收录相关信息 1 053 628 篇。对所收录的信息的各个类别进行发文统计，结果如下：应急避险类信息占据首位，比如，关于洪水、爆炸、交通事故等相关信息被广泛传播；其后依次为生态环境、前沿科技、健康医疗类等。具体排行如下表所示。

科普九大类发文数排行

排名	类别	发文数	典型文章
1	应急避险	205 854	家庭"祸害"排行榜出炉，看看谁排第一位！
2	生态环境	128 908	你家空气真的健康吗？揪出室内空气污染源头
3	前沿科技	101 883	Y-STR 方法成功破获白银案！基因科学还能带给我们什么？
4	健康医疗	56 763	神奇干细胞：像修车一样"修人"，你能接受吗？
5	食品安全	49 033	有机、绿色、无公害、纯天然，你会买哪个？
6	伪科学	42 716	真相：塑料包书膜会让孩子致癌？家长先别慌！｜头条
7	科普活动	27 364	2016 年全国科普日活动将至，看啥？
8	航空航天	19 629	揭秘中国首颗人造卫星研制；火箭发动机曾遇难题
9	能源利用	835	科技闻道：能源终极梦想　科学家"种太阳"｜科技创新

（三）热点事件排行

对全网近 2 万家新闻网站、近 1000 家纸媒、70 个主流新闻 APP、十大主流博客、3 万多个论坛、100 万个微博账号、近 10 万个微信公众账号、25 家国内主流视频网站、十大主流问答平台的所有信息进行分析，整理出科学领域的热点事件。G20 峰会的胜利召开掀起舆论热潮，各大领域均对此次盛会表现出高度关注，舆论热度遥遥领先；世界自然保护联盟宣布大熊猫不再"濒危"一事引发热议，舆论一方面盛赞中国对大熊猫的保护举措，另一方面也表示将继续坚定不移地对其实施保护措施；新加坡感染寨卡病毒的人数在本周内不断增加，对周边国家产生较大威胁，亦有 30 名在新加坡的中国公民感染且北京有 3 名输入性感染者，一时引发公众恐慌情绪；另外，SpaceX 猎鹰 9 号火箭在点火试验时爆炸、屠呦呦团队透露青蒿素存在其他抗疟成分等事件都引发较大关注。

热点事件排行榜

排名	热点事件	类别	发文数
1	G20 峰会胜利召开	科技	1 180 850
2	大熊猫生存危险等级从"濒危"降为"易危"	生态环境	62 199
3	新加坡寨卡病毒继续蔓延	健康医疗	53 145
4	SpaceX 猎鹰 9 号火箭爆炸	航空航天、应急避险	36 102
5	屠呦呦团队：青蒿素存在其他抗疟成分	健康医疗	10 977

注：热点事件排行榜中的"发文数"指标是针对整个事件在全互联网领域的所有信息

（四）科普热点排行

科普热点排行榜

排名	科普热点	类别	发文数
1	G20 峰会胜利召开	科技	60 836
2	新加坡寨卡病毒继续蔓延	健康医疗	11 667
3	SpaceX 猎鹰 9 号火箭爆炸	航空航天、应急避险	7 264
4	屠呦呦团队：青蒿素存在其他抗疟成分	健康医疗	3 176
5	大熊猫生存危险等级从"濒危"降为"易危"	生态环境	2 542

注：科普热点排行榜中的"发文数"指标是针对该事件与科普相关的信息

二、网民视角

G20 峰会在杭州胜利召开　中国方案广受赞誉

（一）事件概述

二十国集团（G20）领导人杭州峰会于 9 月 6 日落下帷幕。在会议期间，各成员、嘉宾国领导人和国际组织负责人就更高效的全球经济金融治理、强劲的国际贸易和投资、包容和联动式发展等议题深入交换意见，共同讨论气候变化、难民、反恐融资、全球公共卫生等影响世界经济的其他突出问题，达成广泛共识。

"科普中国"官方微博分别于 9 月 5 日、6 日、7 日发布了"召开 #G20# 的杭州，竟然宋代时科技就如此璀璨了""一组数字，速读习近平 G20 系列讲话干货""G20 后到杭州，工程院院士带你看屋檐下的江南"三条微博，从不同角度科普 G20 相关知识，引起网民关注；"科普中国"微信公众号、"科普中国"搜狐公众号也分别于 5 日、7 日发表了《召开 G20 的杭州，竟然宋代时科技就如此璀璨了 | 一分钟科普》《G20 后到杭州，工程院院士带你看屋檐下的江南 | 科学对谈》两篇文章，引起众多网民关注。微信公众号的文章阅读数分别达 1755 人次、548 人次，点赞数分别为 28 人次、3 人次；搜狐公众号的两篇文章阅读数分别为 16 406 人次、164 人次。

（二）网民观点

抽样分析 2000 条网民言论，网民观点分布如下（部分言论包含多个观点）。

针对 G20 峰会，网民观点整体呈现正面倾向。正面及客观言论占比近八成，其中，超四成网民盛赞 G20 峰会的开幕式、文艺会演、国宴等，并认为 G20 峰会彰显了大国实力和风范，世界需要中国方案；近三成网民认为 G20 峰会将给世界各项议题带去新动能，并积极总结和科普 G20 峰会的成果和精神；一成左右网民关注中国与美国、俄罗斯、日本、韩国等国的国际关系发展及各国领导人的个人形象。另有两成左右网民的言论较为负面，一方面，吐槽 G20 峰会影响居民正常生活；另一方面，认为 G20 峰会过于追求形式，涉嫌劳民伤财。

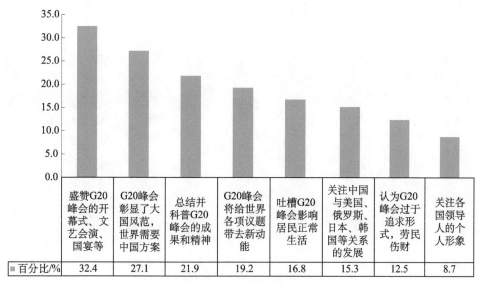

	盛赞G20峰会的开幕式、文艺会演、国宴等	G20峰会彰显了大国风范，世界需要中国方案	总结并科普G20峰会的成果和精神	G20峰会将给世界各项议题带去新动能	吐槽G20峰会影响居民正常生活	关注中国与美国、俄罗斯、日本、韩国等关系的发展	认为G20峰会过于追求形式，劳民伤财	关注各国领导人的个人形象
■ 百分比/%	32.4	27.1	21.9	19.2	16.8	15.3	12.5	8.7

网民对 G20 峰会的观点分布

三、科普微信账号传播榜

以阅读数为第一条件，对与科普相关的 1000 多个微信账号进行排行，"果壳网"以较大优势居于首位；其后依次为"知识分子""中国国家地理""物种日历"等；"科普中国"也以 84 873 人次的阅读数居于第六位。此外，科普微信账号前 50 名排行数据显示，"科普中国"各栏目（频道）中，人民网运营的"人民网科普"位列第 13 位，新华网运营的"科技前沿大师谈""科学原理一点通""科技创新里程碑""科技名家风采录""科普传播之道微平台""军事科技前沿"等项目分别位列第 22 位、第 26 位、第 29 位、第 31 位、第 38 位、第 46 位。

科普微信账号排行榜

排名	微信账号名	阅读数	点赞数	文章数	运营单位
1	果壳网	3 013 711	44 864	51	北京果壳互动科技传媒有限公司
2	知识分子	456 139	1 889	14	北京自在分享贸易有限公司
3	中国国家地理	383 140	1 965	8	北京全景国家地理新媒体科技有限公司
4	物种日历	379 116	3 900	14	北京果壳互动科技传媒有限公司

排名	微信账号名	阅读数	点赞数	文章数	运营单位
5	赛先生	350 379	957	18	上海百人文化传媒有限公司
6	科普中国	84 873	2 030	21	中国科学技术协会
7	科学人	74 291	420	16	北京果壳互动科技传媒有限公司
8	把科学带回家	51 669	253	13	北京辰星联合科技有限公司
9	果壳问答	44 028	317	7	北京果壳互动科技传媒有限公司
10	中科院之声	42 390	545	21	中国科学院

科普中国实时探针舆情周报
（2016.10.13～2016.10.19）

一、科普热点

（一）舆情概况

本周"科普中国实时探针"共收录科普相关信息 1 206 233 篇。互联网新闻占比超三成，微信占比为三成，微博、APP 新闻占比均为一成左右。

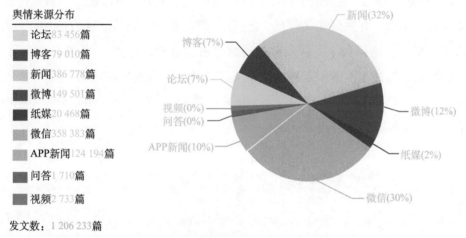

舆情来源分布
- 论坛 83 456 篇
- 博客 79 010 篇
- 新闻 386 778 篇
- 微博 149 501 篇
- 纸媒 20 468 篇
- 微信 358 383 篇
- APP新闻 124 194 篇
- 问答 1 710 篇
- 视频 2 733 篇

发文数：1 206 233 篇

科普信息传播平台分布饼状图
（监测时段：2016 年 10 月 13 日零时～2016 年 10 月 19 日 24 时）
注：因各平台发文数占比统计图中的百分比数值均取整数，视频、问答平台
的发文数量不足整数的数量级，故在统计图中显示为 0

科普信息发文数量整体呈现先下降后上升再小幅度下降的变化趋势，中期因周末数据减少，故出现舆情低谷。

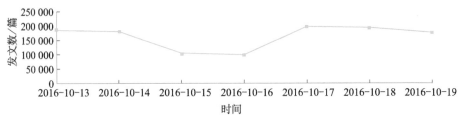

科普信息发文数量走势图

（监测时段：2016 年 10 月 13 日零时～ 2016 年 10 月 19 日 24 时）

（二）科普发文类别排行

"科普中国实时探针"根据科普关键词进行全网监测，包括近 2 万家新闻网站、近 1000 家纸媒、70 个主流新闻 APP、十大主流博客、3 万多个论坛、100 万个微博账号、近 10 万个微信公众账号、25 家国内主流视频网站、10 大主流问答平台，共收录相关信息 1 206 233 篇。对所收录的信息的各个类别进行发文统计，结果如下：应急避险类信息占据首位，比如，"莎莉嘉"台风、玉树地震、交通事故等引起较大范围关注；其后依次为生态环境、航空航天、前沿科技、健康医疗类。因神舟十一号的成功发射，航空航天类信息在本期内有大幅度增加。具体排行如下表所示。

科普九大类发文数排行

排名	类别	发文数	典型文章
1	应急避险	242 266	秋台风比夏台风更猛更强？
2	生态环境	169 457	深不可测的海洋，你真的了解吗？
3	航空航天	127 505	长征 2F 火箭是如何把天宫二号和航天员送上太空的？
4	前沿科技	127 365	基因编辑！这个"黑科技"究竟是什么？
5	健康医疗	56 631	又到体检季！单位体检前该注意什么？
6	食品安全	55 627	反季节果蔬到底能不能吃？
7	伪科学	42 930	流言揭秘："适量饮酒"真的能软化血管？
8	科普活动	37 848	科普"普"给谁？究竟该如何"普"？
9	能源利用	1 297	新能源汽车"新"在何处？

（三）热点事件排行

对全网近 2 万家新闻网站、近 1000 家纸媒、70 个主流新闻 APP、十大主流博客、3 万多个论坛、100 万个微博账号、近 10 万个微信公众账号、25 家国内主流视频网站、十大主流问答平台的所有信息进行分析,整理出科学领域的热点事件。神舟十一号飞天无疑成为本周舆论中心,引发全民点赞和欢呼,其各方面的信息都被广泛传播及讨论;2016 年杭州云栖大会、全国卫生与健康科技创新工作会议、全国双创周各类活动的举办都给科技发展带来新思潮,引发众多网民关注;同时,台风"莎莉嘉"来袭也依旧成为网民关注重点。

热点事件排行榜

排名	热点事件	类别	发文数
1	神舟十一号飞天	航空航天	310 816
2	2016 杭州云栖大会	科技	28 118
3	"莎莉嘉"台风	应急避险	25 184
4	全国双创周	科技	23 772
5	全国卫生与健康科技创新工作会议	健康医疗、科技	10 145

注:热点事件排行榜中的"发文数"指标是针对整个事件在全互联网领域的所有信息

(四)科普热点排行

科普热点排行榜

排名	科普热点	类别	发文数
1	神舟十一号飞天	航空航天	105 147
2	"莎莉嘉"台风	应急避险	15 366
3	全国双创周	科技	12 197
4	2016 杭州云栖大会	科技	7 618
5	全国卫生与健康科技创新大会	健康医疗、科技	1 479

注:科普热点排行榜中的"发文数"指标是针对该事件与科普相关的信息

二、网民视角

神舟十一号飞天引发舆论热潮　网民欢呼声高涨自豪感爆棚

(一)事件概述

2016 年 10 月 17 日 7 时 30 分,神舟十一号飞船在中国酒泉卫星发射中心成功发射，目的是为了更好地掌握空间交会对接技术，开展地球观测和空间地球系统科学、空间应用新技术、空间技术和航天医学等领域的应用和试验。神舟十一号是中国载人航天工程"三步走"中从第二步到第三步的一个过渡，为中国建造载人空间站做准备。神舟十一号飞行任务是我国第6次载人飞行任务，也是中国持续时间最长的一次载人飞行任务，总飞行时间将长达33天。

飞行乘组由两名男性航天员景海鹏和陈冬组成，景海鹏担任指令长。航天员景海鹏参加过神舟七号、神舟九号载人飞行任务，航天员陈冬是首次参加载人飞行。

2016年10月19日凌晨，神舟十一号飞船与天宫二号自动交会对接成功。

"科普中国"官方网站发表多篇文章对神舟十一号飞天进行系统报道。网站转载了《神舟十一号两名航天员顺利进驻天宫二号空间实验室》《神舟十一号精确入轨　抬高近地点高度》《天宫二号科学载荷"首战告捷"》《神舟十一号如何在太空中"亲嘴儿"》《神十一完美太空之旅的"四字诀"》等报道，同时刊发原创文章《航天员景海鹏陈东进入天宫二号实验舱》《揭秘天宫二号舱内神秘面纱》《"天""舟"上演"太空之吻"》，以图文并茂的形式对神舟十一号与天宫二号进行科普。另外，"科普中国"周刊创刊号亦对神舟十一号飞天事件进行重点报道，包括原创或转载《景海鹏：爽不爽？陈冬：爽！》《神舟十一号整流罩在陕西榆林找到》《他三次飞天打破多项纪录》《神十一航天服误差不超1克》《航天员太空上吃啥？鱼香肉丝》《如何保障航天员的健康？》等文章。

"科普中国"官方微博相继于10月16日、10月18日、10月19日发布了《神舟再启航，打造最长载人时间！》《等待神舟11号载人飞船到来的天宫2号》《2020年之后，人类将同时拥有两座空间站！》《万一，航天飞船没燃料了怎么办？》《为什么要开发太空？》《神舟-11与天宫-2成功完成"太空之吻"！》《神舟飞船会带我们移民外星吗？专访总设计师张柏楠》7篇微博文章，转载数共计85人次，点赞数共计145人次。

"科普中国"官方微信公众号也相继于10月15日、10月16日、10月17日、10月18日、10月19日发表了《等待神舟11号载人飞船到来的天宫2号|头条》《神舟再启航，打造最长载人时间！|头条》《2020年后，人类将同时拥有两座空间站！|头条》《万一，航天飞船没燃料了怎么办？|科普微电台》《科技闻道：

神舟飞船会带我们移民外星吗? 专访总设计师张柏楠 | 科技创新》《神舟-11 与天宫-2 成功完成"太空之吻"! | 头条》文章,引起众多网民关注,文章阅读数共计达到 23 282 人次,点赞数达 339 人次。

(二)网民观点

抽样分析 2000 条网民言论,网民观点分布如下(部分言论包含多个观点)。

针对神舟十一号成功飞天,舆论场上群情激昂,正面言论占比近八成。六成左右网民为神舟十一号的成功飞天欢呼,为两位航天员及背后的科研人员点赞,并表达出强烈的自豪之情;近两成网民祝贺并善意调侃神舟十一号与天宫二号的成功对接。中性言论占比超一成,部分网民关注科普神舟十一号的构造、名称、发射地、菜单等细节问题。另有一成左右网民的言论较为负面,一方面,为神舟十一号飞天事件的关注度不如某明星离婚案感到悲哀;另一方面,有极少数网民吐槽媒体对此事件的宣传过于夸张,且认为国家过于侧重航天事业的发展而忽视民生。

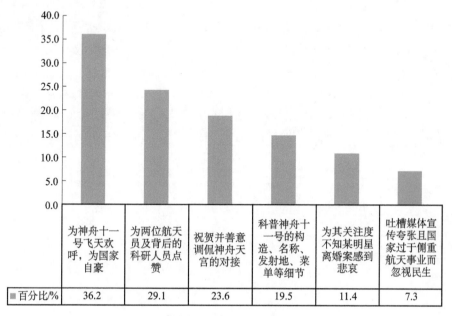

	为神舟十一号飞天欢呼,为国家自豪	为两位航天员及背后的科研人员点赞	祝贺并善意调侃神舟天宫的对接	科普神舟十一号的构造、名称、发射地、菜单等细节	为其关注度不知某明星离婚案感到悲哀	吐槽媒体宣传夸张且国家过于侧重航天事业而忽视民生
■百分比/%	36.2	29.1	23.6	19.5	11.4	7.3

网民对神舟十一号飞天的观点分布

三、科普微信账号传播榜

以阅读数为第一条件，对与科普相关的 1000 多个微信账号进行排行，"科普中国"微信方阵总计阅读数为 148 110 人次。以单个微信账号看，"果壳网"以较大优势居于首位；其后依次为"物种日历""知识分子""中国国家地理""赛先生"等；"科普中国"也以 71 306 人次的阅读数居于第九位。此外，根据科普微信账号前 50 位排行数据显示，"科普中国"各栏目（频道）中，人民网运营的"人民网科普"列第 16 位，新华网运营的"科技前沿大师谈""科技名家风采录""科学原理一点通""科技创新里程碑"等项目分别位列第 28 位、第 31 位、第 32 位、第 33 位。

科普微信账号排行榜

排名	微信账号名	阅读数	点赞数	文章数	运营单位
1	果壳网	2 336 797	35 149	39	北京果壳互动科技传媒有限公司
2	物种日历	483 019	3 843	14	北京果壳互动科技传媒有限公司
3	知识分子	385 112	1 207	16	北京自在分享贸易有限公司
4	中国国家地理	245 040	1 567	8	北京全景国家地理新媒体科技有限公司
5	赛先生	199 449	632	14	上海百人文化传媒有限公司
6	知乎	93 492	175	2	北京智者天下科技有限公司
7	果壳问答	72 581	400	7	北京果壳互动科技传媒有限公司
8	中科院之声	71 550	908	28	中国科学院
9	科普中国	71 306	869	22	中国科学技术协会
10	科学人	65 400	487	15	北京果壳互动科技传媒有限公司

科普中国实时探针舆情周报
（2016.11.10～2016.11.16）

一、科普热点

（一）舆情概况

本周"科普中国实时探针"共收录科普相关信息 1 312 669 篇。互联网新闻占比超三成，微信占比为三成，微博、APP 新闻占比均为一成左右。

舆情来源分布

- 论坛87 693篇
- 博客88 685篇
- 新闻464 622篇
- 微博128 238篇
- 纸媒20 883篇
- 微信392 735篇
- APP新闻123 923篇
- 问答2 579篇
- 视频3 311篇

发文数：1 312 669篇

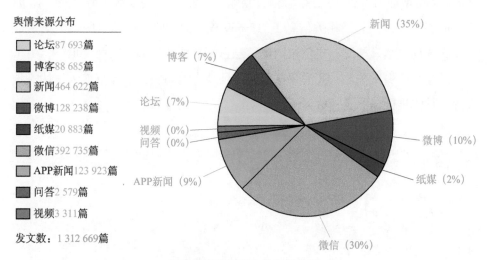

科普信息传播平台分布饼状图
（监测时段：2016 年 11 月 10 日零时～ 2016 年 11 月 16 日 24 时）
注：因各平台发文数占比统计图中的百分比数值均取整数，视频、问答平台
的发文数量不足整数的数量级，故在统计图中显示为 0

科普信息发文数量呈现先下降后上升的变化趋势。中期因周末数据减少，故出现舆情低谷；后期则因第三届互联网大会的开幕，舆情走势回升。

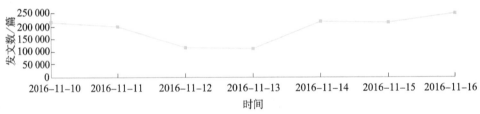

科普信息发文数量走势图
（监测时段：2016 年 11 月 10 日零时～2016 年 11 月 16 日 24 时）

（二）科普发文类别排行

"科普中国实时探针"根据科普关键词进行全网监测，包括近 2 万家新闻网站、近 1000 家纸媒、70 个主流新闻 APP、十大主流博客、3 万多个论坛、100 万个微博账号、近 10 万个微信公众账号、25 家国内主流视频网站、10 大主流问答平台，共收录相关信息 1 312 669 篇。对所收录的信息的各个类别进行发文统计，结果如下：应急避险类信息占据首位，比如，新西兰地震、山东化工厂爆炸等引发关注；其后依次为生态环境、前沿科技、航空航天、伪科学类等。具体排行如下表所示。

科普九大类发文数排行

排名	类别	发文数	典型文章
1	应急避险	246 190	让我轻轻地告诉你：地震和月亮有关系
2	生态环境	206 763	地球面临的环境危机
3	前沿科技	187 550	超级计算机哪家强？
4	伪科学	59 678	酒店有偷窥狂？用手指能查出镜子有问题？你可别闹了！
5	食品安全	47 407	科学有料：喝牛奶，这三件"致命"的事情你一定要知道！
6	健康医疗	43 801	联合国糖尿病日：胰岛素，您选对了吗？
7	科普活动	37 121	中国青少年科学素质大会全面启动
8	航空航天	12 069	为什么月球车的设计有许多特殊要求？
9	能源利用	916	不完美石墨烯"华丽转身"让海水快速变淡水

（三）热点事件排行

对全网近 2 万家新闻网站、近 1000 家纸媒、70 个主流新闻 APP、十大主流博客、3 万多个论坛、100 万个微博账号、近 10 万个微信公众账号、25 家国内主流视频网站、十大主流问答平台的所有信息进行分析,整理出科学领域的热点事件。11 月 14 日,号称 68 年来最大的超级月亮亮相,引发众多天文爱好者、摄影爱好者等的关注和参与;11 月 16 日,第三届世界互联网大会在乌镇开幕,媒体、网民纷纷给予高度关注,而此前关于大会的各类信息亦被广泛传播;近期北方大范围雾霾引起网民吐槽;11 月 14 日凌晨,新西兰发生 7.5 级地震并引发多次 5 级以上余震,造成少数伤亡,部分中国游客被困;长征五号成功首飞引发舆论热潮,媒体、网民纷纷为此欢呼;11 月 14 日是联合国糖尿病日,各大媒体纷纷报道我国目前的糖尿病状况,众多机构、网民参与至相关知识的普及中。

热点事件排行榜

排名	热点事件	类别	发文数
1	超级月亮	天文	268 672
2	世界互联网大会	前沿科技	109 198
3	北方雾霾	生态环境	104 224
4	新西兰地震	应急避险	73 865
5	联合国糖尿病日	健康医疗	24 361

注:热点事件排行榜中的"发文数"指标是针对整个事件在全互联网领域的所有信息

(四)科普热点排行

科普热点排行榜

排名	科普热点	类别	发文数
1	世界互联网大会	前沿科技	84 633
2	北方雾霾	生态环境	10 078
3	联合国糖尿病日	健康医疗	8 039
4	超级月亮	天文	6 263
5	新西兰地震	应急避险	5 868

注:科普热点排行榜中的"发文数"指标是针对该事件与科普相关的信息

二、网民视角

68 年来最大的超级月亮亮相　网民参与热情高涨

（一）事件概述

11 月 14 日，夜空将现超级月亮奇观！19 时 21 分，月亮与地球距离全年最近，最大月亮现身！21 时 52 分，月亮达到满月！这次超级月亮，也是 68 年来月亮最接近地球的一次，下次再想看这样的月亮，大约要再等 18 年……

"科普中国"官方网站与各大媒体进行融合传播，转载了数篇超级月亮的相关文章，如《"超级月亮"来了，你想知道的都在这里》《超级月亮背后的科学》《超级月亮为何年年有别》等。各大媒体也对超级月亮进行了集中宣传。其中，人民网发布报道 373 篇，如《朋友圈"超级月亮"刷屏　创意拍法知多少？》《风吹雾霾散　"超级月亮"光临京城夜空》《全球各地升起"超级月亮"》等；新华网发布报道 288 篇，如《明晚看全年最大超级月亮！错过要等到 2034 年》《"超级月亮"今晚将现身天宇》《68 年来最大"超级月亮"华丽现身》等；搜狐网发布报道 258 篇，如《"超级月亮"，我们好像在哪见过，你记得吗？》《"超级月亮"如约而至》《快看！"超级月亮"升起来了：68 年最大一次》等；中国新闻网发布报道 218 篇，如《"超级月亮"如约而至　多国民众共同欣赏》《中国多地现本世纪最大超级月亮》《"超级月亮"获围观　专家称这一现象不罕见》等。另外，腾讯网、快报、东方头条、ZAKER 新闻、一点资讯等均参与了较多报道工作。

（二）网民观点

抽样分析 2000 条网民言论，网民观点分布如下（部分言论包含多个观点）。

针对超级月亮亮相，超七成网民持正面观点。近五成网民欣赏超级月亮的美景并积极晒照，同时传播各类有趣的图片和段子等；超一成网民通过月亮表达自己的个人情怀；近一成网民科普超级月亮的形成过程。另有近三成网民持反面观点，其中近两成网民吐槽并科普超级月亮是年年有的炒作，近一成网民散布超级月亮与新西兰地震的关系等谣言。

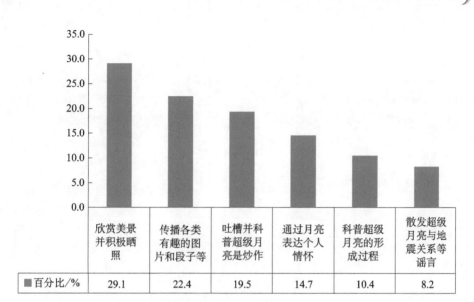

网民对超级月亮的观点分布

百分比/%	欣赏美景并积极晒照	传播各类有趣的图片和段子等	吐槽并科普超级月亮是炒作	通过月亮表达个人情怀	科普超级月亮的形成过程	散发超级月亮与地震关系等谣言
	29.1	22.4	19.5	14.7	10.4	8.2

三、科普微信账号传播榜

以阅读数为第一条件，对与科普相关的 1000 多个微信账号进行排行，"科普中国"微信方阵总计阅读数为 115 342 人次。从单个微信账号看，"果壳网"以较大优势居于首位；其后依次为"物种日历""知识分子""中国国家地理""赛先生"等；"科普中国"也以 60 903 人次的阅读数居于第十位。此外，科普微信账号前 50 位排行数据显示，"科普中国"各栏目（频道）中，人民网运营的"人民网科普"列第 19 位，新华网运营的"科技前沿大师谈""科技名家风采录""科技创新里程碑""科学原理一点通"等项目分别位列第 36 位、第 38 位、第 40 位、第 42 位。

科普微信账号排行榜

排名	微信账号名	阅读数	点赞数	文章数	运营单位
1	果壳网	2 906 838	42 364	45	北京果壳互动科技传媒有限公司
2	物种日历	488 071	4 708	14	北京果壳互动科技传媒有限公司
3	知识分子	238 196	1 051	16	北京自在分享贸易有限公司
4	中国国家地理	220 596	1 649	9	北京全景国家地理新媒体科技有限公司

续表

排名	微信账号名	阅读数	点赞数	文章数	运营单位
5	赛先生	207 709	551	12	上海百人文化传媒有限公司
6	贤爸科学馆	178 665	2 220	10	嘉兴市步嘉教育咨询有限公司
7	知乎	141 579	424	3	北京智者天下科技有限公司
8	中科院之声	66 410	930	25	中国科学院
9	科学人	65 963	484	16	北京果壳互动科技传媒有限公司
10	科普中国	60 903	529	25	中国科学技术协会

科普中国实时探针舆情周报
（2016.12.8～2016.12.14）

一、科普热点

（一）舆情概况

本周"科普中国实时探针"共收录科普相关信息 1 236 012 篇。互联网新闻占比超三成，微信占比超两成，微博、APP 新闻占比均为一成左右。

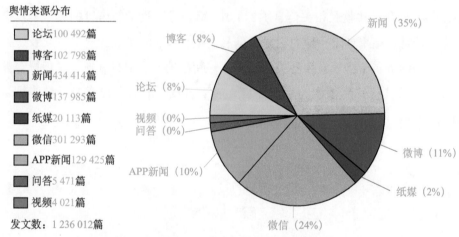

舆情来源分布

- ■ 论坛 100 492 篇
- ■ 博客 102 798 篇
- ■ 新闻 434 414 篇
- ■ 微博 137 985 篇
- ■ 纸媒 20 113 篇
- ■ 微信 301 293 篇
- ■ APP 新闻 129 425 篇
- ■ 问答 5 471 篇
- ■ 视频 4 021 篇

发文数：1 236 012 篇

科普信息传播平台分布饼状图
（监测时段：2016 年 12 月 8 日零时～ 2016 年 12 月 14 日 24 时）

注：因各平台发文数占比统计图中的百分比数值均取整数，视频、问答平台
的发文数量不足整数的数量级，故在统计图中显示为 0

科普信息发文数量呈现先下降再上升最后小幅度下滑的变化趋势，中期因周末数据减少，出现舆情低谷。

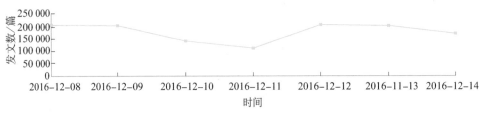

科普信息发文数量走势图
（监测时段：2016 年 12 月 8 日零时～2016 年 12 月 14 日 24 时）

（二）科普发文类别排行

"科普中国实时探针"根据科普关键词进行全网监测，包括近 2 万家新闻网站、近 1000 家纸媒、70 个主流新闻 APP、十大主流博客、3 万多个论坛、100 万个微博账号、近 10 万个微信公众账号、25 家国内主流视频网站、十大主流问答平台，共收录相关信息 1 236 012 篇。对所收录的信息的各个类别进行发文统计，结果如下：应急避险类信息占据首位，比如，土耳其、埃及、肯尼亚、韩国等多个国家发生各类爆炸事故，新疆地震、尼日利亚教堂坍塌等都引发高度关注；其后依次为生态环境、前沿科技、健康医疗类等。具体排行如下表所示。

科普九大类发文数排行

排名	类别	发文数	典型文章
1	应急避险	248 223	地震预警是什么原理？
2	生态环境	218 039	中国土壤污染现状令人震惊
3	前沿科技	117 350	未来的机器人能参加足球赛？这不是梦！
4	健康医疗	54 991	为什么儿童容易得肺炎？
5	食品安全	46 253	冬季吃烤肉，还有这些讲究？
6	伪科学	44 348	真相：牛奶＋茶＝肾结石？瞎扯！
7	科普活动	31 924	2015 年度全国科普统计数据
8	航空航天	19 832	风云四号：形影不离的"闪电侠"
9	能源利用	1 136	浅析"互联网＋"智慧能源

（三）热点事件排行

对全网近 2 万家新闻网站、近 1000 家纸媒、70 个主流新闻 APP、十大主流博客、3 万多个论坛、100 万个微博账号、近 10 万个微信公众账号、25 家国内主流视频网站、十大主流问答平台的所有信息进行分析，整理出科学领域的热点事件。12 月 8 日，为期 3 天的世界智能制造大会在南京落下帷幕，媒体、网民纷纷给予高度关注；12 月 11 日风云四号气象卫星成功发射，12 月 14 日 "太空 180" 试验成功收官，本周内航空航天领域的成果引发网民关注及点赞；12 月 11 日，有媒体报道 "中国每年'过劳死'60 万人 超越日本成第一大国"，引发网民关注和议论；12 月 13 日，国务院批复 5 月 30 日为全国科技工作者日，获得了大量科学工作者的欢呼。

热点事件排行榜

排名	热点事件	类别	发文数
1	世界智能制造大会	前沿科技	29 339
2	风云四号气象卫星成功发射	航空航天	25 171
3	中国每年 "过劳死" 60 万人	健康医疗	23 952
4	"太空 180" 试验成功收官	航空航天	10 246
5	国务院批复全国科技工作者日	科普活动	4 901

注：热点事件排行榜中的 "发文数" 指标是针对整个事件在全互联网领域的所有信息

（四）科普热点排行

科普热点排行榜

排名	科普热点	类别	发文数
1	世界智能制造大会	前沿科技	11 306
2	风云四号气象卫星成功发射	航空航天	6 971
3	国务院批复全国科技工作者日	科普活动	1 400
4	中国每年 "过劳死" 60 万人	健康医疗	1 026
5	"太空 180" 试验成功收官	航空航天	875

注：科普热点排行榜中的 "发文数" 指标是针对该事件与科普相关的信息

二、网民视角

风云四号气象卫星成功发射 "开挂"的航空实力获赞

（一）事件概述

12月11日0时11分，我国在西昌卫星发射中心成功发射风云四号气象卫星。它实现了我国静止轨道气象卫星升级换代，将对我国大气、云层和空间环境进行高时间、高空间、高光谱分辨率的观测，可更加精确地监测天气与预报预警等。此前我国已成功发射14颗气象卫星，目前7颗在轨运行，成为世界上少数几个同时拥有极轨和静止轨道气象卫星的国家。

"科普中国"官方网站与各大媒体进行融合传播，转载了风云四号气象卫星相关文章，如《风云四号：我国新一代静止轨道气象卫星"有多牛"？》《风云四号：中国气象卫星革命性重器》《"静观"风云 守望冷暖》《风云四号能给大气做"CT"》等。各大媒体也对全国各地的雾霾状况进行了报道。其中，中国网发布报道169篇，如《中国成功发射风云四号卫星 相关功能为国际首次》《风云四号卫星整流罩落遂川》《风云四号能感知3.6万公里外湖水温度变化0.1℃》等；搜狐网发布报道135篇，如《风云4号卫星成功发射 36 000公里高空指哪拍哪》《解码风云四号卫星》《风云四号整流罩残骸已找到 坠落江西田间》等；人民网发布报道106篇，如《风云四号在西昌发射成功 首次实现闪电成像》《风云卫星 如何洞察风云变幻》《准稳精勤：风云四号给天气预报定了"小目标"》等；新华网发布报道87篇，如《风云四号：中国气象卫星革命性重器》《风云四号卫星可对雾霾进行监测》《风云四号发射成功 自主创新比肩欧美》等。另外，中国新闻网、中国青年网、网易新闻、东方头条APP、快报APP、ZAKER新闻APP等均参与了较多报道工作。

（二）网民观点

抽样分析2000条网民言论，网民观点分布如下（部分言论包含多个观点）。针对风云四号气象卫星升空，超八成网民持正面及客观观点。超五成网民为风云四号气象卫星的成功升空欢呼，希望其助力气象事业，并惊叹于今年我国"开挂"的航空实力；近三成网民对风云四号气象卫星的实力和各方面意义进行了科普，并特别关注其监测雾霾的功能。另有近两成网民的言论较为负面，一方面吐槽风云四号气象卫星的作用有限，另一方面质疑我国一直发展航空事业劳民伤财。

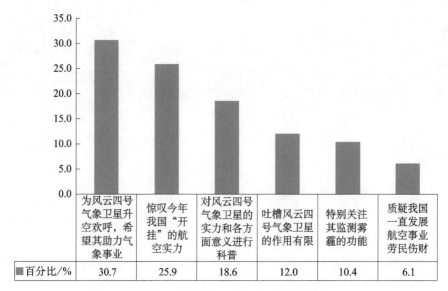

	为风云四号气象卫星升空欢呼，希望其助力气象事业	惊叹今年我国"开挂"的航空实力	对风云四号气象卫星的实力和各方面意义进行科普	吐槽风云四号气象卫星的作用有限	特别关注其监测雾霾的功能	质疑我国一直发展航空事业劳民伤财
■百分比/%	30.7	25.9	18.6	12.0	10.4	6.1

网民对风云四号气象卫星升空的观点分布

三、科普微信账号传播榜

以阅读数为第一条件，对与科普相关的 1000 多个微信账号进行排行，"科普中国"微信方阵总计阅读数为 117 379 人次。从单个微信账号来看，"果壳网"以较大优势居于首位；其后依次为"物种日历""知识分子""中国国家地理""赛先生"等；"科普中国"也以 74 834 人次的阅读数居于第十位。此外，科普微信账号前 50 名排行数据显示，在"科普中国"各栏目（频道）中，人民网运营的"人民网科普"位列第 24 位，新华网运营的"科技前沿大师谈""科技创新里程碑""科学原理一点通""科技名家风采录"等项目分别位列第 29 位、第 31 位、第 33 位、第 34 位。

科普微信账号排行榜

排名	微信账号名	阅读数	点赞数	文章数	运营单位
1	果壳网	2 899 268	43 966	49	北京果壳互动科技传媒有限公司
2	物种日历	546 991	4 585	15	北京果壳互动科技传媒有限公司
3	知识分子	412 761	2 039	18	北京自在分享贸易有限公司
4	中国国家地理	239 921	1 998	8	北京全景国家地理新媒体科技有限公司
5	赛先生	228 214	841	15	上海百人文化传媒有限公司
6	贤爸科学馆	220 383	4 633	14	嘉兴市步嘉教育咨询有限公司
7	知乎	127 630	391	3	北京智者天下科技有限公司
8	中国科学报	79 954	297	27	中国科学报社
9	科技日报	78 953	485	40	科技日报社
10	科普中国	74 834	472	24	中国科学技术协会

后 记

在科普信息化建设开始之后，对于科普的研究都离不开数据。2015 年，我们开始尝试和参与"科普中国"建设的互联网公司合作，用开放数据反映互联网上的科普状况。基于两年多的研究探索，科普数据分析课题组形成了科普需求、科普舆情、科普人群行为等方向的数据报告，也就有了本书的出版。

本书共分为四章，分别是：第一章绪论：互联网＋科普——用数据展现的时代（撰稿人：钟琦），第二章中国网民科普需求搜索行为报告（撰稿人：武丹、钟琦），第三章网络科普舆情报告（撰稿人：王艳丽），第四章移动互联网网民科普获取与传播行为报告（撰稿人：王黎明），附录 1 展示了经多位学科专家审核形成的 1288 个科学常识种子词，附录 2 收录了 8 期"科普中国实时探针"舆情周报。

在此，科普数据分析课题组向与我们合作的百度网、新华网、腾讯网等互联网公司表示衷心的感谢！我们将继续拓展科普数据分析与研究，并致力于建立开放的科普行业数据库，探索用数据分析为科普工作做好支撑。

全体作者

2017 年 8 月